光 明 城

LUMINOCITY

看见我们的未来

Atelier Bow-Wow

COMMONALITIES: PRODUCTION OF BEHAVIORS

［日］犬吠工作室 著

解文静／许天心／史之骄 译

共有性：
行为的生产

塚本由晴 ｜ 贝岛桃代 ｜ 田中功起 ｜ 中谷礼仁

篠原雅武 ｜ 佐佐木启 ｜ 能作文德 ｜

东京工业大学塚本由晴研究室

上海·同济大学出版社 Tongji UNIVERSITY PRESS

序言

听着窗外"利奇马"台风夹杂着水幕般暴雨的狂啸声，我终于校对完《共有性：行为的生产》这本书的最后一段文字。在长舒一口气的瞬间，电视和手机上正在不断滚动的台风动向与救难信息突然让我意识到，这不就是正在生产着的"共有性"吗？人们在与台风赛跑，摒弃了各自的社会身份、分工、背景等，为了保全和尽可能地减小损失而团结一心，形成共同体。从这种将抵抗灾害的行为作为核心、所有人都前赴后继抗灾抢险的开放团体之中，我看到了"共有性"发挥出的力量。

这本书以文章、讨论、书评、案例等形式呈现了各种有关"共有性"的阐述。不可否认的是，这些阐述几乎涵盖各个方面，且指向是清晰的，那就是我们生活的物质环境之中"共有性"的生产。正如塚本由晴在本书中所指出的，作为设计师或许没有办法直接去设计人们的"行为"，因此如果试图生产"行为"，就必须找到它们的生产线。肆虐的台风可以生产出具有强大能量的"共有性"行为，那么建筑、城市是否也可以拥有这种"共有性"能量的生产力呢？

在建筑设计领域信息泛滥的当下，网络媒体动不动就用"最美某某"来吸引眼球、博取流量，专业内外的人们也似乎对这种凭借几张"美图"就成为"成功的建筑设计"的现象见怪不怪了。媒体时代的建筑似乎只要"好看"成"网红脸"就可以了。那些被冠以"最美"的幼儿园、图书馆、学校、咖啡馆⋯⋯甚至是猪圈、大棚，即便本身并非只以形式为取向，但是在"最美"的包装下，它们看起来都成了一幕幕虚构的唯美画面，被剥离了最真实的世界。

虚构无法兼容具体的存在，自然无法产生行为，更不可能奢望它们能够具有"共有性"。这些"最美"的画面只能使人沉醉于视觉的享受，却可能永远无法给予人力量。而在另一方面，就如同抗灾抢险那般，我们的现实生活却不乏真实而随处可见的"共有性"。这本书中介绍的北京天坛公园的晨练和上海街头的自行车洪流，就足以让我们意识到每个人都身怀技能，既是发明家，也是行为的探险家。我们的生存环境正是因为充满了这些鲜活的行为的发明、运用、实践与分享，才变得多姿多彩。

事实上，正当建筑还躺在自娱自乐的温床之中时，一向嗅觉敏锐的消费（资本）早已发现了"共有性"的机会，它们倚仗着当代的信息与网络技术，将那些最为普遍的"共有性"包装成"共享"，通过"自发行为→利用行为→依赖行为"的模式，将"共有"转为可以产生利润的服务产业。从"个人"的日常性到"公众"的共有性，消费从"人从众"的模式中发现了强大的经济力量。这对习惯于后知后觉的建筑而言，不得不说是一帖清醒剂。如何去发现并利用那些"共有性",成为建筑需要直面的问题。

在某种程度上,"共有性"是对现代主义的"功能性"的一种颠覆。"共有性"是自发的、多义的和连续的,与"功能性"的截然相反使得具有"共有性"的建筑具备了当代的性格。另一方面,由于"共有性"与自觉的非独占行为有关,它们应该是愉悦的和放松的。由此,拥有"共有性"的建筑也应该是令人快乐的。"快乐"代表着一种体验,是存在于身心的行为,而不仅仅是视觉的享受。当然,建筑乃至城市并不是仅仅用来取悦于人类的,它们仍然需要具有作为物质文化建构的价值。然而,当我们被传统建筑学的视角局限于后者的时候,原本就应该存在于建筑之中的"快乐""解放",也就是"共有性",更具有不可忽视的平衡意义。

无论是"真实",还是"快乐",这些"共有性"所具有的性格或许正是那些"最美"建筑所缺失的。发现"共有性",也正是寻回建筑中失去的那份自在。犬吠工作室经年累月的工作让我们看到了这样一条连续而不断递进的线索。从"人"到"物",从"个体"到"公众",从建筑到场所……不受固定的条框限制,将目光投向鲜活的生存环境,在"观察"与"解决问题"的反复中凝练出那些被忽视的新的可能性。正因为这样的操作,犬吠工作室的作品总能在保持某种新鲜性的同时,又能恰如其分地扎根于环境之中;在不为形式所累的同时,又确保了一份真实。

就设计这一行业本身而言,除了建筑师,还有工程师、建造者、业主及使用者协同工作,建筑的场地、街道、城市,甚至是环境、风貌等都是要考虑的因素,如果我们从这么一个大而错综的格局来思考设计的话,这当中也必定存在着"共有性"的一席之地吧!

诚挚地感谢为使本书能够呈现给各位中国读者而付出艰辛劳动的翻译和编辑人员,他们是曾经就读于东京工业大学塚本由晴研究室的解文静、许天心、史之骄,对于"共有性"研究的耳濡目染与亲身经历是本书翻译的重要保证。群岛工作室的辛梦瑶不仅为本书做了补译,也是校译者之一,她的工作是本书完整与准确的保障。群岛工作室的秦蕾作为本书引进与出版的总负责人,为这本书的顺利出版倾注了大量的心血与精力。此外,还需要鸣谢北京建筑大学"北京未来城市设计高精尖创新中心"对于本书的大力支持,以及同济大学出版社的王胤瑜、晁艳两位编辑对本书最后的审校与完善所付出的心血与热情!

郭屹民

2019年9月

目录 CONTENTS

4

5

01 人民的艺术······威廉·莫里斯 / **02 广场的形式**······卡米洛·西特 / **03 历史的意识**······T. S. 艾略特 / **04 孩子与城市**······阿尔多·凡·艾克 / **05 建筑深层的事物**······约翰·伍重 / **06 栖居**······马丁·海德格尔 / **07 显现空间**······汉娜·阿伦特 / **08 游戏的形式**······罗歇·凯卢瓦 / **09 中间状态**······阿尔多·凡·艾克 / **10 空中城市**······尤纳·弗莱德曼 / **11 时间和时机**······塞德里克·普莱斯 / **12 大地**······川添登 / **13 城市的多样性**······简·雅各布斯 / **14 类型**······阿尔多·罗西 / **15 复杂的总体**······罗伯特·文丘里 / **16 连带性**······艾莉森与彼得·史密森 / **17 游戏的中心**······亨利·列斐伏尔 / **18 门槛**······赫曼·赫兹伯格 / **19 人的街道**······伯纳德·鲁道夫斯基 / **20 编舞**······劳伦斯·哈普林 / **21 实存空间**······克里斯蒂安·诺伯格-舒尔茨 / **22 共同性**······路易斯·康 / **23 共同体**······神代雄一郎 / **24 集体创造性**······劳伦斯·哈普林 / **25 街道**······芦原义信 / **26 风景**······吕西安·克罗尔 / **27 后卫主义**······肯尼斯·弗兰姆普敦 / **28 室外空间的活动**······扬·盖尔 / **29 整体性**······克里斯托弗·亚历山大 / **30 城市的故事**······弗朗西斯·爱丽丝 / **31 滑板**······伊恩·博登 / **32 脆弱性**······篠原雅武 / **33 共同化**······戴维·哈维

1

建筑中的共有性

如今在日本，"温饱有余却不知幸福与否"的说法甚嚣尘上。这种说法反映出在经历着现代化剧烈变动的社会环境中，人们由于无法自我定位而感到的不安，以及对于现状的不满。建筑正是推动这种现代化的重要角色，可以说对此负有相当的责任。

第二次世界大战后的城市复兴，以及对国土的平衡式开发，与成长中的建筑产业构成了仿佛"两人三脚"游戏的关系。国家与地方政府等"公众"，以保护民众的生命与财产的名义大力地发展建设那些社会基础设施，并达到了前所未有的规模与技术水平。这些建设多以排水量、交通量等能够计量的数值来衡量河川与道路，并通过设计一系列钢铁及混凝土的构筑物来进行控制。由此，河川的泛滥得以缓解，但也变得难以接近，道路也变得只是为车辆通行而服务了。此外，政策还鼓励个人拥有自己的土地及住房。这些住宅涉及的防火、抗震等一系列措施的实施，为"个人"提供了拆除不合规旧宅的契机。住房的建造也带动了生活中不可或缺的家电产品，以及家具、食器、寝具等物品的一系列消费，其经济效应遍及更加广泛的社会范畴。无论是环境保护还是住宅建造，其产业化都促使大量便利、安全的街区及住房被生产出来。在这个过程中，从事农业或文化方面工作的人群也逐渐转向产业化。商业设施在城市中占据的比重随着经济发展而大幅增加，进一步地，为了达到吸引顾客的目的，它们都在不断地巨大化，变成好像是谁都可以自由自在使用的公共空间。人们在此以金钱换取整洁、安心的空间，以顾客的身份来获得作为"个体"的满足感。由此，街道上人们自发组织的游戏、欢快的活动，都被以服务业为名的产业所取代。如此，正是这些遍布于各个领域的产业化，创造了20世纪后半叶日本GDP的腾飞奇迹。

然而，这一过程却导致了令人意外的副产物：人们开始不知道自己生活的环境与自然如何和谐共处，不知道在自己的街道上如何建造住房，也不知道如何用自己的力量来对公共空间进行实践[1]，这些行动也无法付诸实施。人们逐渐变成了分散的"个体"，依附

---

1 译者注：亨利·列斐伏尔（Henri Lefebvre）在《空间的生产》一书中提出"空间的再现"（建筑师用图纸、模型等创造的空间）和"再现的空间"（人们通过实际使用界定的空间）两个对立的概念。而第三个概念"空间的实践"则将建筑和空间从这对概念中解放出来，在"空间的再现"的演绎（deduction）及"再现的空间"的归纳（induction）之间加入了转译（transduction）这一动态图示。"空间的实践"的主体除了人还可以是物，例如，瓦屋顶是"雨水与瓦片对空间的实践"，森林小屋是"风与树木对空间的实践"，高速公路、停车场等是"汽车对空间的实践"，等等。

在"公众"和"市场"所认可的系统中，进行自我判断、自我控制行为的可能性被逐渐剥夺。对产业而言，这些"不知道"却再好不过了。它们可以在科学、工学、经济、设计等方面提供尽可能多的选择，以确保人们都能维持在"个体"的状态。环境开发、住宅建设以及市镇建设[2]在20世纪后半叶持续发展的结果，就是如今日本标准的城市风貌。对于这种凌乱的感觉，即便是更有趣的表达方式，至多也只能用个体的堆积来解释。令人遗憾的是，这样的个体由于始终无法超越作为个体的存在，因此是贫瘠的。这种风貌所欠缺的，是超越世代间的差异而被传承下来的、超越主体间的差别而在某一场所中被共有的那些建筑的形式与人的行为。而通过将它们进行重复与叠合，是有机会创造出生机勃勃的街道与卓越的城市空间的。为了成就这样的风貌，我们不仅要成为能设计优秀建筑的伟人，更要成为能超越时代与主体间差别的伟人。如果能感受到自己是伟人中的一分子，自信与骄傲就会不自觉地涌上心头。也或许正是因为缺乏这样的自豪感，人们才会疑惑于"幸福与否"吧。一旦认识到这种共有性的重要，那自然会注意到产业化造就的建筑与城市空间是这般破绽百出——尽管这当中也包括了那些由地震与战争所造成的破坏与巨大损失。不过，制造出这些破绽的社会组织也一次次地克服了它们自身的弱点。这些组织倾向于将人群分割成为纯粹的"个体"与"公众"。我们注意到，在这股倾向之中，特别是在20世纪后半叶大行其道的、以"个体"为立场的建筑实践冒险行将终结。如果说被过度设定"个体"与"公众"的20世纪的建筑已将"共有"遗落，那么让我们现在就开启以"共有"为立场的建筑实践冒险吧！藉此去打造那片广阔的"共有"领域，正是本书将建筑的"共有性"作为题目的意图所在。

"Commonality"并非一个耳熟能详的单词。它在日语中是"共有性""共同性"的意思。在建筑领域内几乎没人使用过这个词，在我们调查的范围中，只有路易斯·康曾经使用过。

2　译者注："市镇建设"的日语原文是"まちづくり"，指以居民为主体，或居民与自治体协力建设居住地区的生活环境的活动，内容涵盖建筑、交通等设施的建设，以及历史文化保护等方面。与"城市规划"不同，"市镇建设"强调居民的参与性及自下而上的改善过程。

他认为，我们之所以能为古代的建筑所打动，是缘于某种超越时代与场所的事物通过建筑的空间与我们心灵的深处产生了关联，这个事物就是commonality。类似的看法有约翰·伍重提出的"通过建筑中内在的人类学智慧，将现在与过去相关联"，他称之为建筑的深层的事物（Innermost Being of Architecture）。从克里斯托弗·亚历山大的《建筑的永恒之道》[3]一书中也可看到类似的观点。这些观点都在鼓舞着我们，让我们明白即使生活在当下，也能与创造出这些伟大建筑的人产生意识上的交互。本书中的讨论，也希望能够继续传承这种精神。但无论是体验建筑也好，还是被建筑打动也好，路易斯·康的"commonality"终究是在被动的文脉中使用的。与之相比，本书的目的则在于把体验建筑与城市空间作为出发点，进而将这一概念引入能动设计的文脉之中。为此，有必要借助一些媒介对其进行感知。让我们从这个词在物质化的状态中呈现出的一些现象开始思考吧。

我们首先联想到的是那些彼此相似又不尽相同的建筑，它们在某一地区反复出现，或井然有序地并列在街道两旁。一栋栋归属于不同业主的建筑，通过统一协调屋顶及立面等，构成了可辨识的聚落风貌及城市空间。这些建筑要素超越了个人所有的范围而成为了整

---

3   可参见原版：*The Timeless Way of Building*, Oxford University Press, 1979.

体的一部分。在多数建筑中所呈现的，超越个体间差别的共同特征，被称为建筑的类型（typology）。但类型是研究者们的理解，当考虑共有性时，通常指的是居住在那里的人们共同拥有的建筑形式。也即是说，类型之所以能成立，是因为人们知道怎样的建筑形式是与自己生活的地区和城市相匹配、相适应的。这样的人们对于自己的城市是充满着自豪感的。

我们联想到的另一个场景是人们在城市广场中的随性的行为。但是，这些行为虽多样却并非完全迥异，它们一定可以被归为几类。也就是说，行为在特定场所之中也具有相应的"型式"，它们能超越主体间的差异反复出现。由此，就算人们互不认识，也会尊重彼此间的差异，互不干扰地共享同一场所与时间。有趣的是，行为在不断重复的过程中，被一个又一个人习得；它虽然被各种各样的人所有，但同时又属于场所，加上能够被习得，所以不会为某人独占。反之，要阻止他人做出相同的行为也并非易事。行为，既是掌握它的人的财产，也是人们共有的财产。懂得如何一举一动的人的行为是纯熟而和善的，它能让人感到安心。也正因如此，公共空间可以被暂时地占用。这是生活之上的富余，也因此会成为对他人的包容。

建筑的类型与人们行为的共通点在于，在某一地区及街道范围内，两者都会表现出一些超越主体或个体间差异的反复。使其成为可能的正是型式。从长远的角度看，型式也会逐渐产生变化，其特征也会转化成为一些形式。型式虽然会伴随着形式而出现，却无法自律地作为纯粹的造形而存在。型式是在同气候、材料、生活、制度、经济等诸因素相互融合，且取得均衡之后才会成立的。因此，通过观察型式，即使在有着无限组合可能的世界中，我们也能够确定特定事物间存在的相互关联。

型式随着时代更替逐渐发生变化，这是由于相互关联的数个事物中有些发生了量变甚至消失，或者由于其他事物的加入而产生了新的平衡。比方说，艺术家所创作的陶艺与自然之间的平衡关系跟那些量产的陶器是不同的。前者是在与自然（陶土）的对话中逐渐发现形式，这也是其价值所在。而后者是大量地使用陶土，来控制个体间的微差，其价值

在于消除误差。前者与自然之间是具体且个别的
关系，后者为了制造产品而大量地消耗自然。在与
陶艺相关的各种事物关联中，与自然要素的互动
关系后退成为遥不可及的背景，由此导致所谓的
地域性随之消失。谱系学正是通过在观察型式的
变化时引入时间的尺度，将这种事物间变化的相
互关联作为可塑性重新发掘出来。无论是建筑的类型还是人的行为，都是事物的相互关
联被反复生产的结果。在此意义上，事物间的相互关联呈现了场所中人们生活的境况。

如果从建筑的类型与人的行为来理解共有性，就需要通过行为学（Behaviorology）的视
角。行为学研究的对象是超越主体间差别的，伴随着固定节奏而反复出现的"行为"，比
如自然要素的行为、人类的行为、建筑的行为（反复的类型）。在统合这些不同行为的过
程中，建筑的知性开始呈现。行为学主张将观察这些行为的所得活用于实际问题的解决，
对这些行为进行观察来获取线索并加以利用，力求在构成行为的因素中，辨识出哪些是
我们可以改变的，哪些是我们无法改变的。例如，水因为重力自上往下的流动"行为"的
确是无可改变的，但通过控制水流所经过的表面的形状能够改变其流动方式。再比如，
在街巷踢足球（非正式的足球）时，通过手以外的身体部位控制球的技能型式是无法改
变的，但场地、球门的大小与当地的比赛规则却是可以改变的。这些分析表明了要素之
间的组合具有一定的模式（pattern），这就是事物间的相互关联。为了能让它们被真切
地感知，并且成为无论是谁都能获取的共有资源，我们提出了共有性的概念。

我们认为，从类型、行为到事物间的相互关联，共有性的这条逻辑十分重要，因为这正
是与当代尤其是城市生活的片断化相抵抗的逻辑。在以往的抵抗模式中，个体被认为是
原本就存在的，抵抗是为了拯救被国家以及社会制度所压制的个体。我们所要的抵抗并
非如此，而是在抵抗"个体原本就存在"这一说法本身。因为个体根本上是与国家及社

← 由犬吠工作室（Atelier Bow-Wow）、藤森照信（Fujimori Terunobu）、鹫田梅洛（Washida Meruro）、南后由和（Nango Yoshikazu）与恩里克·沃克（Enrique Walker）合著的《犬吠工作室的建筑：行为学》（*The Architectures of Atelier Bow-Wow: Behaviorology*, Rizzoli, 2010）

会制度相互依存而产生的概念，它们之间的关系犹如硬币的正反面。事实上，在这一过程中被轻易排除的是作为共有的中间领域，那里应该有着如行为般既为人所拥有又属于场所的丰富的共有性。从行为来看，个体与共有应该是相互渗透的，没有明确的界线。但如果试图在公众的制度中考虑这个问题，则会因为过于多样而感觉无从下手。于是我们就将个体的本质性与平等性假设为"空洞的身体"。

这种在某种程度上被强化了的假设，却对于20世纪的建筑具有举足轻重的影响，近代的集合住宅与一户建的团地住区[4]就是其典型代表，特别是在战后住宅供给不足的情况下应运而生的那些集合住宅，它们以大量供应为前提，将住房单位与家庭单位相匹配，平等地重复创造出了均质的空间。在这种均质性当中，集合住宅被分割成各家各户的区域（个体）、住民共用的区域（共有）、外部人员可以进入的区域（公众）3个部分。个体、共有、公众的区域划分，被转化为可以计算的建筑面积。在这种关系下，居住在其中的人们无论拥有怎样的技能（skill），都会被当成没有任何技能的"空洞的身体"。即使如此，共有作为联系起个体的区域，在集合住宅中仍体现了"共同居住的意义"。但这种只保证面积的共有区域，也只体现了共有的概念，因为谁也不知道要如何使用这块区域，使用规则只有一堆为了不给他人添麻烦而制定的禁止事项（禁止球类游戏、禁止大声喧哗、禁止明火等），结果不但增加了管理费还导致空间无法使用，陷入了低劣的平等怪圈。

公共设施前的广场、作为容积率缓和条件而设置于高层建筑底部的开放空地等，这些谁都可以进入的开放区域，也都无一例外地将人们预设为"空洞的身体"。在紧急情况发生时，为了使高层建筑中的大量人群能有条不紊地疏散，的确需要在周围设置宽阔的场地。场地的面积也应与可以计量的个体总和相对应。可是，这样的场地只是将人集中在一个地方，既没有考虑与街道整体的连续性，也没有考虑如何作为城市的一部分发挥作用，只能沦为平淡无趣的开敞空地。

在这种设定中，"共有"是模糊的，"公众"是均质的，仅有个体边界被认为是理应存在

4　译者注：日本的"团地"类似于廉租房小区。

的。基于这一模式大量建造的集合住宅与广场,使得人们在理解个体与整体的关系时,已然习惯了"可计量的个体总和就等同于整体"这一法则。

以共有性为立场的建筑设计所要挑战的,首先就是"空洞的身体"及其所象征的个体的本质。这种挑战针对重复出现的住宅、由重复性住宅所构成的街区,以及聚集人群的广场等日常性空间是具有成效的。这些空间反映了诸如当代生活的片断化、对事物间相互关联的无知、对生活领域产业化的无所觉察等诸多问题。

在犬吠工作室(Atelier Bow-Wow),以共有性为立场的设计,到目前为止从以下4个方面展开。

第一个方面是住宅的谱系学。通过在住宅的类型中引入时间轴,追踪其变化,来探寻事物相互关联中的可变与不可变因素。像"空间·新陈代谢"(Void Metabolism)、"金泽·町家·新陈代谢"这类调研,是通过住宅类型的变迁来探讨市镇的发展过程;分裂的町家[5](Split Machiya, 2010)、塔之町家(Tower Machiya, 2010)等项目,则是活用既有的类型来进行的最新实践。这些调研与设计都是基于诸多疑问来展开的。在20世纪后半叶被日本的建筑实践所放弃的市镇建设,在我们这一代能否实现?我们能建造出具有乡土性的建筑吗?由此,即便是在设计单独的住宅时,我们也带着这些疑问。使之成为可能的,正是住宅类型的谱系学。关于这部分的详细内容,我们会再通过其他的书向大家介绍。

第二个方面是窗的行为学。我们研究的重点包括在建筑中汇聚了最多种行为的窗,以及超越建筑的个体差异而在地域及街道中反复出现的窗等。我们收集和实测了这些遍布于世界各地的窗,通过比较来探讨窗的概念,以及它们在社会中所处的地位。在最先出版的《世界之窗:窗边行为学调查》[6]中,通过比较和分析每个窗所汇集的行为,发现其

---

5 译者注:町家是日本传统沿街住宅类型。

6 此处为该书中文版译名,中文版由雷祖康、刘若琪、许天心译,中国建筑工业出版社2018年出版。日文原版题为
   『Windowscape 窓のふるまい学』(フィルムアート社、2010)。

平衡了日照、湿度等风土气候因素，以及宗教规范与生活习俗，最终从中凝练出窗的概念。在《世界之窗2：窗与街道的谱系学》[7]中，我们寻找了世界各地的沿街面反复出现的窗边的行为，并将其解读为窗的谱系、生产体制、围绕窗的社会制度三者平衡后的结果。这也是东京工业大学塚本由晴研究室与YKK窗研究所共同推进的研究项目。

第三个方面是微型公共空间（micro public space），主要是为美术展而制作的介入公共空间的小型建筑、可移动构筑物、大型家具等作品。作品的制作首先从认识不同的城市开始：观察各个城市中最具特色的人群行为，并进一步分析是怎样的一群人，运用了怎样的身体技能，在怎样的环境与文化中反复生产着这些行为。这些行为必定由某些空间及道具所维持，对其形态进行改变则可能创造出适应于特定场所的剧本。可以说，我们根据这些考察进行了某种社会性实验，通过生产稍微有别于日常生活的虚构行为及人物，来揭示构成场所的事物间的相互关联。对于20世纪建造的广场中所设定的"空洞的身体"，这也是一种抵抗。2014年2月在广岛市现代美术馆开展的"犬吠工作室展：微型公共空间"（アトリエ·ワン—マイクロ·パブリック·スペース）就是对这方面研究的一个总结 [参见展览目录中的同名展览（广岛市现代美术馆，2014）]。

第四个方面是广场与公园的设计，即是将微型公共空间实验中累积的经验活用于城市之中的永久性公共空间设计。我们在设计阶段开展了工作营与访谈，发现了许多公共空间的潜在使用者，从而通过设计使他们的行为与其他使用者产生互动。同时，通过让人们参与运营管理方的讨论，创造了市民接触行政权力的机会，也促使这种参与性扩大到市镇建设的设计中。2012年7月，我们在柏林埃德斯建筑中心（Aedes Architecture Forum）举行的展览中制作了"公共绘画"（public drawing），集合了数十人共同参与描绘这些公共空间 [参见展览目录中的"Public Space by Atelier Bow-Wow, Tokyo In the State of Spatial Practice"（Aedes, 2011）]。本书也会以这些公共空间的实践为中心，继续探讨共有性。

7　该书尚未有中文版，日文原版题为『WindowScape 2 窓と街並の系譜学』（フィルムアート社、2014）。

本书由以下 8 个章节构成 ：

第 1 章 "建筑中的共有性"，论述了共有性的背景与意义。列举了建筑类型与人的行为等 "共有资源" 具备共有性的依据，将公共空间定位为由共有性展开的空间设计之一。

第 2 章 "行为与关系性的方法论" 是艺术家田中功起与塚本由晴、贝岛桃代的对谈。在 2013 年威尼斯双年展日本馆中，田中功起创作了一系列与人的行为相关的作品，幽默又不失哲学意味。以此为背景，在对谈中他们交流了如何从行为中获取关系性，并将其与创作结合。

第 3 章 "城市空间中人们的行为" 中，我们以绘图与照片的形式汇集呈现了在世界各地收集与观察到的人群行为，从中研究使其成立的公共空间的形式。犬吠工作室的许多实践项目都源于对这些观察的学习。

第 4 章 "承认当前存在的事物，探究它们出现的理由" 是历史学家中谷礼仁与塚本由晴的对谈。中谷礼仁为解开存在千年以上的 "千年村" 的延续性之谜，带头进行了跨领域的实地调研。以此为背景，塚本与他交流了如何获取历史这种开放的资源。

第 5 章 "共有性读书会" 中，包含了对于与共有性概念相似的建筑理论、城市理论所进行的研究。参照各个理论的历史背景，探讨了这些理论最终没有得到发展的原因，试图从中找出共有性的可能性。本章由佐佐木启与能作文德负责。

第 6 章 "空间、个体与全体——面向共有性" 是哲学家篠原雅武与塚本由晴的对谈。篠原雅武在《公共空间的政治理论》中将公共性的问题作为空间的问题来看待。以此为背景，在对谈中他们交流了现代建筑中存在的问题，以及城市空间中潜在的民主主义与新自由主义问题。

第 7 章 "犬吠工作室的公共空间设计"，用照片与绘画等方式介绍了犬吠工作室的公共空间项目，并解说了各个项目的概要以及具体的设计方法。

第 8 章 "共有性的展望"，介绍了建筑设计中共有性的作用及任务，并以此作为全书的总结。

准备好了吗? 那么，就让我们开始关于建筑共有性的讨论吧。

塚本由晴

2

共有性会议

田中功起 塚本由晴 贝岛桃代

行 为 与 关 系 性 的 方 法 论

从个体的表现到共有性的表现

塚本由晴 在第55届威尼斯双年展的日本馆中，我有幸看到了田中先生的作品"抽象的述说——不确定事物的共有与集体行为"（Collective Act）（展期：2013年6月1日—11月24日），觉得十分有趣。我在您的作品中看到了与我们的思考相通的部分，这让我很高兴。或许这次双年展的作品并没有十分明显地表露，但的确包含了对东日本大震灾[8]的思考。

通过地震，人们认识到了彼此之间联系的重要性。人们开始重新审视社区（community），比如"社区设计"这个词就被认为是市镇建设的重点。从20世纪60年代开始就已经出现了通过建造建筑来创造社区的想法，但即使设计被采纳也没能很好地实现。比如，在集合住宅中，即便是设计了供居民使用的共有空间（common space），也会因由谁来管理、由谁来承担运营经费，以及担心影响他人等问题，导致那些空间最终成了无人问津的地方。既然是共用的，那就应该是居民们共有的领域，但很多情况下它们

却只是在集体空间内确保了住房或走廊等必备要素之后的剩余空间。这些只被确保面积的共有空间，使得居民无法在其中分享任何行为，实际上也未能形成社区。

回顾整个城市化进程，人们摆脱了食物生产及环境保护的限制，同时也失去了其所必需的共同性，于是逐渐形成了与自然、社区相割裂的碎片化生活状态。人们不知道自己到底住在什么样的地方，对于这种"整体性"的感觉正在逐渐消失，生活缺少自我定位与充实感，最后陷入"温饱有余却感受不到幸福"的状态。面对这样的危机，建筑中的"共有"的建设其实也并不顺利，有些建筑甚至加剧了生活的碎片化。

例如市政厅前的广场本应该是市民聚集的地方，但实际上却并没有起到类似的作用。因为广场与周边的城市空间之间是割裂的，没有吸引人流的咖啡店和商店，人们在那里不知道到底该进行什么样的行为。从战后到第一次石油危机前，是创造与新民主主义相符的市政厅及广场的时代。建筑师们摒弃了古典主义的样式，选择了标榜现代主义的建筑。但那样的建筑与广场在日本却并没有可依循的传统类型，因此只是依样画葫芦。于是，当时的建筑以流行的样式为基础，剩下的就全看建筑师的个人能力了。

8　译者注：2011年3月11日在日本东北的太平洋近海发生了里氏9级地震，在距离震中最近的福岛、岩手、宫城等县，部分地区出现了超过10米的巨型海啸，大量房屋被冲毁，福岛第一核电站甚至因此发生泄漏事故。因此，该震灾成为日本历史上伤亡最惨重、经济损失最严重的自然灾害之一。

（左）田中功起（中）贝岛桃代（右）塚本由晴

田中功起 是与创作者的个性相关的吧。

塚本 是的。当时的社会环境也是造成这一现象的原因（参见本书自169页起相关内容）。从战后的形势来看，大家都希望通过建造建筑来创造社会，提高生产力。石油危机之后又顺应既有的社会制度，朝着再生产的目标继续推行建筑的实践。这时，有一些建筑师挺身而出，他们认为当时的制度其实是在阻碍人类的生存与发展。例如矶崎新、筱原一男等倡导的是"建筑就是建筑""住宅是艺术"等形式主义（formalism）的理论，试图切断建筑与社会的关联。他们通过回归日本传统与建筑的本体，来创造在历史与文化层面上与个体相对峙的空间。他们希望与被资本主义割裂的社会一刀两断，沿袭历史的认识，并且具有极高的批判性。然而，一旦切断了与社会的联系，建筑本身就会变得形式化。就如同自我中毒一般，那些只能在建筑空间范畴内适用的基本功能不断发展，接

二连三地产生了许多令世界都感到奇妙而有趣的"日本现代建筑"，特别是它们与个人住宅的联系越发紧密，建筑的组织与表现都以"个体"为根基，这样的操作的确在世界范围内都实属罕见。由此所产生的"日本现代建筑"也收获了来自世界的好评，在一定程度上取得了成功。但是，如果结合实际社会情况来看，这种"日本现代建筑"的游戏快看不到可能性了，游戏自身不得不面临改变。也就是说，以"个体"为立场的那些表现上的探索似乎即将走到尽头，而新的方向的探索正等待我们去开辟。

而当我们试着把立场从"个体"移向"共有性"，会发现在那里也存在着某种割裂。

建筑是世界上普遍存在着的古老技术，它深深地影响着人类，因为我们通过建筑可以实现对许多事物的共有。虽然，如今在京都可以看到的町家形式是在江户后期才确立的，但同时它们也是经历了数百年的积累以及好几代人的试错之后才凝炼成的。建筑的"类型"这一概念因此

威尼斯哥特式宅邸

包含了一种时间轴，其在历史中形成且如今依然存在，也汇集了在当代依然留存着的、谁都可以触及的建筑的智慧。在谁都可以使用这一点上，我们可以确认类型中存在着共有性。京都那些由町家所组成的美妙街道、威尼斯哥特式宅邸林立的街道直到现在依然还是伟大的街道，就是因为那些建筑的设计方式与城市形态有机地结合在了一起。之所以说它们伟大，是因为卓越的街道并不是由一个人造就的，它超越了个人存在的时间跨度，需要通过多个主体来协同完成。类型这种可以复制的形式，使得人们得以顺利完成这个复杂而持久的创造过程。所以我们在这里要呼吁的并非把立场放在有个性的建筑上，而是关注那些具有共有性的建筑。

与之相对的是各式各样的东京街道风貌。一栋栋被精心设计的建筑所考虑的范围仅局限在基地之内，因此它们都呈现出自我的封闭。开通道路、划分基地，以自己喜欢的方式设计一栋栋建筑——对于整个城市的形态来说，这样设计出来的建筑都是可以替换的。这种仅仅由单个建筑散乱拼凑成的集合，真的可以称之为街道吗？在留存了类型的城市中，人们知道在自己所生活的街道上需要建造怎样的建筑，所以也会自然而然地抗拒新的事物。但这并不是人们故意要抵抗，而是他们知道属于自己的街道应该是什么样的形式，并以此为傲。一旦街道上的人们对自己生活的街道该如何建设感到茫然，那么他们之间的关联也不可能出现。

公共空间中的"行为"

塚本 除了封闭成"个体"的住宅，人们活动的城市空间也逐渐被商业空间所侵蚀。问题在于如何与之相对抗，并自发地创造出公共的活动场所。

市政厅前设置的广场虽然在面积上可以容纳500人，但这也只是将这些人都看作可以被计量的对象。这种实事求是的做法在设计上的确是不可或缺的，但同时也忽视了人的个体差异可能会有利于提升公共性，而仅仅是将这些人当作"空洞的身体"，认为他们不具有利用广场的身体技能。把人都假设成"空洞的身体"的广场，对于知道如何利用公共空间的人而言无疑是一种压制，因此才无法聚集人流吧。

反观那些成功的广场设计，从中可以发现人们知道该如何利用广场，知道哪些是适合这一空间的行为，并对此充满了自信。没有其他的人为他们服务，也没有额外的花销，他们通过自己身体的行为占有了场所及时间，这些都是很了不起的。无论何种行为，都需要从某处习得。其中既有日常生活中养成的习惯，也不乏在节庆等地方性活动中学到的各种行为，同时还有音乐及运动等更具普遍性的活动。行为一旦习得，就会成为人的一部分，只要条件允许就能随时开始。所以它无法为某人所独占，这就是行为的共有性。行为既属于个人，又属于场所，处于两者之间。换言之，在行为中个体的属性与场所的属性是无法被明确分开的。那些只能属于自己的行为，会被视为旁若无人的怪异举止，因而它们与场所的文脉相脱离，也无法成为共有的事物。把大家的行为与自己的行为相叠加，或许就构成了自己在公共空间中的体验。如果不考虑这一点，设计再多的公共空间也都是无济于事的。

这些年我们都在思考"行为学"这个概念。"行为学"当中的行为不仅包括了上述那些人的行为，也包括光、风等自然要素的变化。建筑中其实也存在类似的"行为"。建筑的沿街而立就是一种建筑风貌的重复，由这种重复而生发的建筑之间处理彼此关系的方式如果有一定程度的共有，那么就应该可以称之为建筑的行为。将它

们放置于更长的时间跨度中来看，50年、100年之后建筑会被改建或重建，街道也会随之产生变化，这也可以被视为一种建筑的"行为"。通过时间尺度的叠加，多样的"行为"会逐渐地显现。换言之，以"行为"为立场的建筑设计，本质上也是在设计行为所具有的时间尺度与频率（rhythm），并将其重组。例如，樱花的盛放是一年一度樱花自然进行的"行为"，此时虽然没有任何人发出指令，但人们会自发地聚集到树下赏樱，手舞足蹈，把酒言欢，以庆祝春天的到来（笑）。这显然是没有人刻意地规划，但的确极其出色的设计。

由水平方向的关系性诞生的作品

塚本 我想聊一下田中先生在双年展中的视频作品。这些作品记录了多人同时进行一个行为的情形：在《同时由9名理发师理发（第二次尝试）》[A Haircut by 9 Hairdressers at Once (Second Attempt), 2010] 中，9名理发师共同为一人理发；在《同时由5名演奏者演奏钢琴（第一次尝试）》[A Piano Played by 5 Pianists at Once (First Attempt), 2012] 中，5人在一台钢琴上演奏。您在这些作品中既没有参与理发也没有参与演奏，所以它们不是传统意义上的合作。那这究竟是什么？

我试着画了一张"人与技能"的表格来帮助思考某物与某场所的创造与人的行为的关系。

例如在绘画与雕刻中,一个人用自己的技能完成一件作品,可以称之为通过整合性主体的个人来进行的创作,在表格中应该是"单个人:单个技能"的关系。而建筑的话,需要具有专业能力的许多人来建造,因此在表格中应该是"多个人:多个技能"。管弦乐队也是如此。而一个人完成独奏的街头表演则是"单个人:多个技能"。个人建造建筑的活动也应被归为此类。

而在犬吠工作室设计的"白色摆渡车街边小吃店"(2003)中,我们设计了10米长的街边小吃店,随着人群不断地聚集,最后形成了30人同时在街边用餐的盛况。即使这些人不是一个团体,通过共同在此用餐的行为,也可以形成微型公共空间,所以是"多个人:单个技能"的关系。

在北京天坛公园的树阵中,一早就集结于此的老人们尝试着各式各样的健身活动(参见本书第68页)。其中既有太极拳这类具有中国特色的运动,也有交谊舞、板球、毽子、倒走、在古树上按摩等活动。这些凭借各自的技能所产生的各种各样的小团体,形成了很棒的公共空间。虽然在各个小团体内部是"多个人:单个技能"的关系,但可以认为这些多样的活动是在同时同场所进行的。

以上4种类型是我们身边能观察到的并且熟知的。您的《同时由9名理发师理发》《同时由5名演奏者演奏钢琴》等作品,如作品名"同时由哪些人一起做"所示,一个场景由多人创作,在表中应该属于"多个人:单个技能",但总感觉有些奇怪,好像让平时不会发生的事发生了。

与单个(事物或场所)相关联的
人与技能的表格(第一版)

技能＼人	单个	多个	
单个	绘画、雕塑 (整合性主体,即"个")	白色摆渡车街边小吃店 太极拳、交谊舞等 ⟶ (行为的共有)	多人同时进行(天坛公园健身)
多个	个人建造(self-build) 一人合奏	建筑、电影(分工) 乐队合奏	

（上）*A Haircut by 9 Hairdressers at Once (Second Attempt)*（2010）

《同时由 9 名理发师理发（第二次尝试）》

　　材质：高清视频

　　时长：28 分钟

（下）*A Piano Played by 5 Pianists at Once (First Attempt)*（2012）

《同时由 5 名演奏者演奏钢琴（第一次尝试）》

　　材质：高清视频

　　时长：57 分钟

犬吠工作室作品"白色摆渡车街边小吃店"（2003）

田中 "多个人：单个技能"的关系是由多人来共同从事一件事，像Wikipedia、Cookpad[9]等知识集合类开源网站应该归入其中。把我的作品与它们归为一类好像不够准确。从录像的内容来看的确是"多个人：单个技能"，但从整个作品的角度来考虑的话，掌握全局的作者是处在其他层级的，所以或许可以表述为"单个人→多个人：单个技能"。因为作品大的架构是由我来设定的，在这个架构中即使许多人在干一件事，但最后还是会被收录在以我为名义的个人作品中。您所期待的关系是从内容角度考虑的，但从整个作品的结构来看并非如此。但即便如此，我还是希望设计出能消解层级，并从本质上符合塚本先生的分类的作品。现在这个作品中，我是设定整个场景的作者A，而参与到这个场景中的则是代表多人的作者a'，其中的关键点是作者a'

不受作者A的控制，可以自行地活动。

塚本 这是任由各个技能自由发挥的状态吧。

田中 是的，任由其自由发展。采取这种由参加者自由发挥的方式，多少消解了作者A的特殊权力。当然有些制作方法还是需要有一个核心的，就像在电影拍摄中，有演员、编剧、摄像等各种分工，而导演则处于整合的上级位置。虽然一部电影是由许多人共同制作的，但最终会被冠以导演个人的名字。这种做法略显粗暴，不过在这里多个参与者所要做的只是分担某个任务，而不是合作，相当于作为整合者的个人将工作外包出去。而理想的合作是各自持有立场、处于平等关系的参与者们达成共识的行为。当然，要在所有参与者都达成共识的基础上再推进制作的方式几乎是不太可能的。

9　译者注：Cookpad，日本著名料理网站，用户可自由上传食谱。

塚本 的确如此。电影与建筑作为作品属于"多个人：多个技能"的类型，但它们是由导演或建筑师设计的，即按照"单个人：单个技能"整合而成。换个例子的话，由作为整合主体的个人创作的绘画作品，碰到回顾展这种情况，由于时间轴的介入，其人与技能的类型也可能成为复数，因此当主体即便是一个人时上述的类型也有可能成立。

田中 电影与建筑的制作大多是分工性质的合作吧。

贝岛桃代 这样说的话，狩野派[10]与罗丹[11]都是"单个人：单个技能→多个人：单个技能"的类型。

田中 是的。就像是工作坊那样的模式，比如村上隆的创作也是基于"单个人：单个技能"整合为"多个人：单个技能"的关系。但刚才提到的那些我的作品，都是通过观察并记录下了非分工形式的合作的可能性。我尽可能地确保参与者的立场平等，但通常在合作进行的过程中就会变成分工的形式。有人会起带头作用，合作的过程随之自然地产生了中心。我也意识到这种现象或许就是合作的极限了。回到刚才我就作者A与作者a'们的关系所做的自我批判上，任由参与者自由发挥的确可以消解作者A的特权性，但在作者A虽在场却毫不了解这项创作的情况下，其存在反倒使得参与者们的立场变得平等了。在我的作品中，我就作为这么一个外行，与作品的参与者们形成对峙。在理发师、诗人、钢琴家、陶艺家面前，创作过程与方法上没有我插手的余地。我不具备这些领域的技能，因而不懂得如何创作。之前在中国创作作品时，甚至连语言我都不懂，也无法对话。与陶艺家们的合作中，我通过翻译用英语问了他们一些问题，但无法完全把控全部的过程。虽然我在那里组织大家，但在场的人中最外行的人应该就是我了吧（笑）。总之，因为我处于作品的最外围，即使跟我讨论我也无法给出意见，所以在场的人们不得不自发地讨论、决定作品的发展方向。在开始时我就告诉他们"请自行决定"，过程中即使希望我给出关于钢琴曲的意见，我也做不到。虽然创造了这个场景，但作者其实并不在那里。

---

10 译者注：狩野派是日本的一个宗族画派，活跃于 15—19 世纪，其成员大多作为御用绘师服务于幕府。

11 译者注：奥古斯特·罗丹（Auguste Rodin，1840—1917），法国雕塑家，曾培养许多学生并与其一同工作。

塚本 拥有技能的a、b、c、d、e等一人或多人，在拥有技能的个人A的整合下，形成了建筑与电影等作品。与之相对的是，在您的作品中，拥有同样技能的多人a参与其中，但由于A不具备技能而无法起到导演整合的作用，所以没有形成分工，反而是通过共有a'、a''、a'''、a''''、a'''''的技能，达到了平等的状态。这种共有性应该称作水平方向的关系。"单个人：单个技能→多个人：多个技能"是金字塔型，"单个人→多个人：单个技能"则是水平型，这种水平方向的关系十分有趣。它到底是如何实现的呢？是不是在最初就考虑过创作者的主体问题了？

共同体的问题与敌对之外的事物

田中 以前一般都会认为作品的创作源于作者内在的冲动，但我身上却几乎没有这种创作的冲动（笑）。长久以来，围绕着当代艺术创作者个性的质疑就一直存在，与之相对，也有人尊敬拥有强烈个性的圈外人以及天才。这种现象在日本尤为显著。但我还是成为不了那种有很强个性的作者。那么作为一个个性贫乏的作者到底能做些什么呢？

20世纪90年代尼古拉·布里奥（Nicolas Bourriaud）撰写了《关系美学》[12]一书，他认为在利亚姆·

12　原版参见：*L'esthtique relationnelle*, Presses du réel, 1998. 中文版由黄建宏译，金城出版社 2013 年出版。

与单个（事物或场所）相关联的
人与技能的表格（第二版）

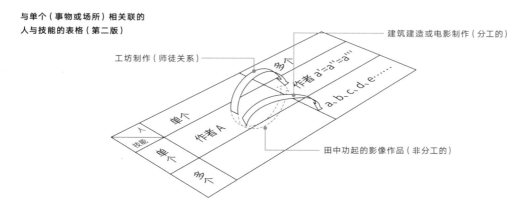

建筑建造或电影制作（分工的）

工坊制作（师徒关系）

多人

作者 a'=a''=a'''

a、b、c、d、e……

单个

作者 A

人

技能

单个

多人

田中功起的影像作品（非分工的）

吉利克（Liam Gillick）及里克力·提拉瓦尼（Rirkrit Tiravanija）等一些艺术家的作品中，能看到以人们彼此间的相互作用为基础来创造新的关系场的创意。这些作品实际上并非"物"，而是将重点置于无形的人际相互作用上，以此来定义空间的发现与创作。在他所总结的这种思考方式的背景下，当时也存在以达米安·赫斯特（Damien Hirst）为首的名为YBAs（Young British Artists，青年英国艺术家）的艺术家们。他们以伦敦为中心，创作了一系列与市场关系十分紧密的作品，由此获得的市场价值及艺术界的评价都是不可否认的。而《关系美学》中所列举的艺术家们的作品，由于是以人际相互作用为中心而使得形式显得十分暧昧。在盛行合作设计的当时，人们甚至难以分辨出作品的作者。布里奥将这些艺术家的实践理解为与服务业的发展并行的产物。这是20年前的思考，但同时

也是我们如今的话题。

然而，即使作者创造出了人际关系，也不能只针对作者进行评价，否则最终会与YBAs一样陷入个人与个性的问题中。

这是20世纪90年代的动向，之后也理所当然地出现了对其的批判。比如纽约城市大学教授兼批评家克莱尔·毕晓普（Claire Bishop）在其文章《敌对与关系美学》[13]中，就关系的本质进行了批判：在创造出关系的同时，究竟创造的是怎样的一种关系？在《关系美学》所列举的艺术家的作品中，简单而言，在场的参与者们都是艺术的相关者。人们抱着欣赏或参与艺术的明确目的聚集在那里，其内部的共同体就创造出了开幕式般的场景。如果

13　原文题为Antagonism and Relational Aesthetics，发表于2004年。日文版为「敵対と関係性の美学」（星野太訳、表象文化論学会『表象』05、月曜社、2011）。

无法分工的协作（水平方向的关系）
作者 A 掌握全局的特权被弱化，
参与者的立场是平等的

分工的协作（金字塔型的关系）
作者 A 整合多个人与多个技能

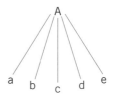

平时无法相遇的共同体不在那里相遇，就不会产生必然出现的敌对关系。这是受批判最多的一点。当艺术实践带上了某种社会性之后，评价与批判会接踵而来。敌对关系在这里并非一种消极的关系，而是使共同体内部潜在的问题浮现的契机。《关系美学》中所述的创造新关系，说到底只是在同伴之间创造出了若即若离的关系，除此之外的关系应该是包含着对抗的。但毕晓普的论述也并非完全没有问题。她在《敌对与关系美学》中列举了瑞士艺术家托马斯·赫赛豪恩（Thomas Hirschhorn）在卡塞尔平民区进行的名为"巴塔耶纪念碑"（Bataille Monument）的项目，该项目曾在2002年的卡塞尔文献展中展出。2013年，赫赛豪恩又在纽约的布朗克斯进行了同系列的项目"葛兰西纪念碑"（Gramsci Monument）。两个项目都选址在美术馆及画廊的参观者一般不会踏足的治安不良地区。因此，这些项目的功能之一就是让平时不会相遇的、来自不同共同体的人在欣赏艺术时相遇。两个项目都是临时设置的社区中心，在那里会进行各种工作坊，在卡塞尔是围绕乔治·巴塔耶（Georges Bataille）的哲学，在布朗克斯是安东尼奥·葛兰西（Antonio Gramsci）的哲学，由此使当地人能有机会相遇。但这也被视为一种高高在上且没有教养的行为。当地人到底能

在何种程度上运用这处空间也是一个疑问。虽然毕晓普批判布里奥的《关系美学》所论述的作品只是集团内部的问题，但被她自己肯定的作家们的作品也最终陷入了同样的境遇。正如"关系"的本质是一个问题，"敌对"的本质也存在问题。

近来日本流行的参与型艺术、关系型艺术（relational art）本应该以布里奥、毕晓普等人的理论作为前提，但日本国内将关系型艺术的形式及政治性等因素抹去，以期达到激活地方活性、市镇建设等行政目的。我对于这种把艺术当作行政道具的做法是极其反感的。

塚本　从艺术中看到了功能性。

田中　稍微回到刚才的话题。考虑到个性的问题，《关系美学》还是有很多可能性的。我试着考虑一下人们的参与、相互作用及过程中的问题。刚才也谈到《同时由9名理发师理发（第二次尝试）》这个作品，它并非由我直接制作，而是让人替我完成某事。作品中设定的理发这一问题也并非难事。在这个作品之后，我的意识越来越转向制作这件事。《同时由5名演奏者演奏钢琴（第一次尝试）》《同时由5名诗人写一首诗（第一次尝试）》[A Poem Written by 5 Poets at

Once (First Attempt), 2013]、《同时由5名陶艺师制作陶器（噤声的尝试）》[A Pottery Produced by 5 Potters at Once (Silent Attempt), 2013] 等一系列作品中，制作物也越来越复杂。《同时由5名陶艺师制作陶器（噤声的尝试）》如作品名所述，即关于多人分工完成陶艺作品的纪录片。参加的5人中，有在城市中凭自己的技能开设陶艺教室的陶艺家，有在农村闭门不出连烧制都亲力亲为的陶艺艺术家，有拍摄关于陶艺的纪录片的现代陶艺家等，由于背景各不相同，问题变得十分明显，最后整体分崩离析，因为有一个参加者提出不想继续。在所有参加者都达成共识前摄影就被迫中止，留下了一些做到一半的陶器。这里记录下了协同工作的失败，用现在的语境来说是创造共有性的失败案例。但我不认为"失败"是消极的。我们一直过分在意"正确""成功"，而失败所蕴含的丰富经验也是不容忽视的。

贝岛　在市镇建设的问题上，再小的共同体、再小的聚落也必然存在着敌对关系。这是理所当然的，甚至没有敌对关系反而显得奇怪。一起生活的人们也都明白这一点。这么说可能有点奇怪，在敌对关系变得激烈时，比如对选举活动意见出入很大时，人们反倒会很享受这些"大事件"。平时沉在水下的问题通过选举被暴露出来，进而演变成能量。例如我们负责的北本站西口站前广场改造项目（参见本书第210页）在实施过程中经历了市长选举，而反对改选市长的势力也大力反对这个项目。市长改选之后，这个项目才间接地被接受及信任。通过这次经历，我想共同体中可能反而需要一些能让问题显露的场所。宫下公园改建项目（参见本书第194页）虽然没有在选举中受到争议，却也受到了来自市民团体及艺术家的反对。

塚本　日本耐克公司（Nike Japan）以冠名权为前提，出资对老旧的宫下公园进行改建。而针对泡沫经济崩坏后剧增的流浪者团体，改建承诺在同一公园内为这些人提供新的容身之处。但在支持流浪者的人们眼中，这反倒成了剥夺他们生存场所的计划，也由此兴起了反对改建的运动。假如在最初就能将信息公之于众，可能事情还不至于此。但正是由于区政府与耐克公司花了2年时间才达成协议，才招致这些无谓的猜忌。直到最后区政府人员周全地作出回应，流浪者们才搬迁到宫下公园的下层。

田中　在反对宫下公园改建的人群中，也有人把反对运动当作是一种自我表现的方式。这既是激进主义（activism）与艺术的界线问题，也

（上）*A Poem Written by 5 Poets at Once (First Attempt)*（2013）

《同时由 5 名诗人写一首诗（第一次尝试）》

材质：高清视频、由参与的诗人准备的 4 篇材料

时长：68 分钟 30 秒

尺寸：150×150mm（每帧）

设备赞助：ARTISTS' GUILD

（下）*A Pottery Produced by 5 Potters at Once (Silent Attempt)*（2013）

《同时由 5 名陶艺师制作陶器（噤声的尝试）》

材质：高清视频、陶土

时长：75 分钟

合作者：广州维他命艺术空间及北京观心亭

包含了是否可能在日本进行社会性或政治性艺术实践的疑问，这个大问题不是靠单纯的赞成或反对就能说清的。我对这点很感兴趣，可能有一些值得思考观察的问题，它们与那些被行政利用的艺术项目有着类似性。这类问题并非日本特有，例如音乐家小泽健二也曾提到，在新自由主义背景下的英国，人们倡导要让能激活城市魅力的艺术为地域再开发以及士绅化（gentrification）等做出贡献。

"共同化"（commoning）的竞争招致的敌对

田中　由艺术家创造的关系，在前面的表格中多数属于"单个人：单个技能→多个人：单个技能"的情况。无论是敌对关系还是社团一样友好的关系，都是按照艺术家的设想创造出的关系。针对这点的批判就更多了。

我想以自己的实践为例试着谈一下我对这个问题的看法。我在实践中比较在意的是将参加者（这当中也包括被设定的我）置于看不到结果的不安状态之中。《同时由5名陶艺师制作陶器（噪声的尝试）》中，即使聚集起拥有相同技能的人，他们也会因为彼此背景的差异而无法马上理解并把握场所中的共有（common）。在从

相遇到协同工作的过程中，只能用语言向彼此传达自己以往的创作方式（陶艺、诗歌等）。参加者通常都是个人，或与助手一起完成工作，但在这里却不得不与完全不认识的他人协同工作。于是语言就成了说明与表达的重要工具。当然也能通过行为理解彼此，通过展示自己的技能来形成对话。但也可能会有自己相信的事却无法为他人所理解，毕竟每个人的想法与做法都相差甚大。其中也有经过磨合后隐约发现了共有的情况。但即使发现了可以共有的点，也未必能顺利巧妙地完成工作。只有在这种不安定的状态下，才能产生某种可靠的关系。在我的项目中，作为制作者的参加人员几乎都是如此。理发虽然并非要制作什么，但对发型的塑造在一定意义上也能被称为艺术创作。当面对短暂的不安状况，大概由于他们只是制作者，所以能以某种开放的态度来应对。在摄影中我也注意到，在我的项目中参加者被要求协同工作，这种与以往个人的工作方式完全不同的情况，加上摄影记录的因素，使得他们处于极为紧张的状态。通常追求协同性的项目都会经年累月地持续很久，但这里却只有短短几小时的时间，在这期间必须互相理解并完成工作，做出成果。这是时间被大幅压缩的状态。在这其中如果想要与他人共有什么，就只能让自己彻底置身于这个

A Behavioral Statement (or an Unconscious Protest)〈2013〉→
《行为的陈述（或无意识的反抗）》
材质：高清视频
时长：8分钟
设备赞助：ARTISTS' GUILD
摄影：藤川隆

场所。所以参加者在变得啰嗦的同时，也得重新审视自己之前的所作所为及思考方式。但很多人认为这只是偶尔的相遇，因为短暂的时间与场所的共有而不愿意为他人作出牺牲。在我看来，共有性有着这样危险与恐怖的一面。在我的例子中，因为时间被压缩了，所以更容易看出问题所在。我们真的在追求共有性吗？这一过程可能会将个体逼入绝境之中。

贝岛　我们在设计中也常常不得不在最后向一些事情妥协。要说原因，刚才已经提过，人们如果无法相互理解也还是被迫要生活在一起，倘若不做出一些妥协势必无法继续。另一方面，对美术等表达媒介的评判，每个人的标准都不一样。如果是这样的话，不知道是否还能以共有或者共有性来评判作品是否成立。

塚本　拥有相同技能的人们被放到看不到事情发展走向的共存状态中，他们事先也没有被告知各自的分工，这种情况下会发生什么，都被田中先生的视频作品记录了下来。在那些记录中，有最终顺利进行下去的，也有没进行下去的。在钢琴演奏与诗朗诵等行为中，产物没有明确的轮廓，且随着时间产生又消失，所以即兴发挥就行了，比较容易成功。而在理

发这一行为中，头发会越来越少，难度会逐渐增加。陶艺则难度更大，陶艺师对面前的陶土和陶器持续施加动作的同时，陶土也会给人一个反馈，在这种动作与反馈的整合与累积过程中，陶艺作品的个性（authorship）逐渐显露出来，如果他人与自己进行相同的动作，陶土的反馈会被不断覆盖重写，这就使得创作变得十分困难。

另一方面，我们所说的行为，指的是"樱花盛开了那就去赏花吧"这类事，或者聊天时自然地对面而坐的行为。这些行为之中没有作者。这些行为聚集起来、占据了一定时间与场地的状态，可以认为是对行为的共有。这也是公共空间的条件之一。

关于把这样的想法运用到城市空间上，戴维·哈维（David Harvey）提出的"共同化"（commoning）是具有启发意义的（参见本书第168页）。如果各种主体对如何使用某场所有不同的意见，将自己的标准渗透到场所中（即commoning）就会引发敌对。当地人不计得失地使用某场所也是共同化的一种形式，商业资本利用这个场所谋取经济利益在商家看来也是共同化。无论是当地人还是商业资本，使自己的标准渗透到场所这一点是不变的。但问题是，在共同化的竞争中，获胜的一方几乎都是商业资

本，这在近些年已经成为了理所当然的事情。这并非只是媒体的论调，大家心中其实也是这么认为的。例如宫下公园的主旨是，在只被流浪者共有的场所内加入更多其他市民来共有。反对派则认为，这种共同化是全球企业日本耐克公司的商业利用式的共同化，其反映出的是区政府的管理优先式的共同化。自己不加思考就向周围散播这种"理所当然"的论调是很可怕的。这样一来就演变成针对意识形态的敌对，而不是针对方案的讨论。作为回应，耐克最终只是将公园的名称由汉字改成了假名。

文脉的重新解读与创造的关系

田中　我想可能有一种思考方式，就是围绕共有性，重新解读身边已有事物的文脉。抱着这

种想法，在日本馆我展示了以"行为"为题的作品——《行为的陈述（或无意识的反抗）》[*A Behavioral Statement (or an Unconscious Protest)*, 2013]。这段影像展示了无数人在避难楼梯里上下的情景。

塚本　真是不可思议的作品。

田中　地震灾害后发生了大规模的反核游行，我虽然认同也很想参加，但因为我已经把活动据点转到了洛杉矶，最终没能实现。当时即使在日本的乡下，恐怕也有人抱有同样的心情。所以我就想试着改变一下观点。"参加"这件事的本质是什么？是否存在其他的参加方式？为了跨越距离去参加反核运动，首先应该在日常生活的行为中体现出反核的姿态。临时回国时，我

在市中心看到定时停电这种情况。那时车站的扶梯停运，每个人都在使用楼梯，他们自己可能没有意识到，或者说无论赞成还是反对，"使用楼梯"这种行为本身就可能被重新解读为反核的姿态。如果能意识到日常行为中的"上下楼梯"也是一种反核运动的话，就可以改变我们在日常生活层面的意识。《行为的陈述（或无意识的反抗）》中，人们分成了下楼梯与上楼梯两组，在上下楼梯时合流，或继续自己的行进方向。如果只有下楼梯这一组的话，很容易被认为是在进行避难演习；但这里还出现了上楼梯的组，这两个组的合流便反映出，在日本如今所面临的"反对还是支持核能"的二选一的难题中，是否应该有中间意见。在震灾前与震灾后几乎相同的行为，却因为文脉的变化而在意义上产生新的解读，我正是抱着这个标准来挑选行为的，因为我们在震灾前就一直在走楼梯了。

犬吠工作室目前的活动中很重要的一点也是对文脉的重新解读。我们想通过城市调研等活动，对容易被忽视的建筑和城市结构进行重新解读。如果思考一下文脉的重新解读与建筑设计之间的关系，就会觉得建筑真是不可思议。在重新解读调研对象的文脉时，会针对城市中那些脱离原先的目的与功能的建筑，通过将其整合并置换到其他文脉中，来探寻建筑的新的可能性；

但在建筑设计时，总是需要创造具有一定目的的空间，比如一般很少会去建造一个既是钢琴教室又是餐厅厨房，或既是墓地又是幼儿园的地方。所以即使设计的空间具有多样性，也只能被局限在两三种可能性之中，或者说只能依赖使用者的创造性。在城市调研中看到的那些建筑或许具有相当宽泛的可能性，然而一旦进入设计就开始受到局限。这里我有个小疑问，为什么还要去做那样的建筑？实在不可思议（笑）。另外，比如"白色摆渡车街边小吃店"这种场所设计项目与建筑设计相比具有更多可能性，所以你们才把重点转向了公共空间设计吗？

塚本 确实也有这方面的考虑。可能性小是因为把关系的种类限定在了使用上。"有目的"是指有创造的理由，建筑的乐趣也正在于此。也就是说，"有目的"也可以转化成"为什么现在这里的人们需要建筑"这种问题。建筑是在各种事物的相互关联中产生的，因此这个问题也揭示了这种关联。即使功能是确定的，事物的相互关联也包括了自然、科学、工学、文化、历史、社会、经济等各种要素，因此关联是相当宽泛的。如果多少能把握一些相互的关联，并稍加解读与重组，就能释放出被社会压制而透不过气的那些建筑的"目的"，进而朝着生机勃勃的方向

犬吠工作室作品"生岛文库"（2008）

一半变成书的空间，能阅读的空间是"书之家"，剩余的空间是"人之家"。确定了这种基本布局之后，就变得只能在有限的空间中做文章了。儿童室那种房间也会变得很小。但我们是这样考虑的，这一家人之所以能建起这个家，是因为他们可以写作，那在家中把书供奉起来也未尝不可。于是我们试着向他们提出一个想法：比起家，这里更像是文库、个人图书馆，而人们是住在其中的管理员。一旦接受了这种设定，即使房间只有一张床那么大他们也不会在意。这个方案没有影响居住这个目的，而"居住"本身被赋予了诗意，重心被放在了"生活"上。这个住宅会成为整个家庭自信生活的基石与跳板。

自行为的共有性而来的救赎

贝岛 设计建筑时会有一些为了让建筑更完善而制定的制度与规范，但现在整个社会好像反而被这些条条框框束缚住了。建筑本来是为人们提供栖身之处、让人放松的地方，但现在几乎朝着管理人们的方向发展了。为了从这个循环中逃脱并获得自由，我们首先要学习这些条条框框，还原其本来的含义，从而唤起创造空间与建筑的诗意的力量。虽然并非易事，但建筑设计的乐趣或许就在于此吧。

去发展。比如，我们为作家夫妇一家设计住宅"生岛文库"（2008）时，他们因为职业的关系家里有大量的书，住在公寓楼里的时候，家里因此而变得十分逼仄。在设计的阶段我们也意识到，在这个五人之家中，如果大家把书放在各自的房间里必然是行不通的。之后我们想到改变的方法，就是先来解决书的问题。于是把家的

田中　久违地回了一次东京，我从电车上的行为中发现了人们对社会规则抱有很强的固有观念。面对这些规则，稍有越界就马上会有人产生过激的反应。比如，电车上坐在优先席的老人在下车时会对同坐的30岁男子怒吼道："这里是优先席，请你遵守社会的秩序！"老人的心情可以理解，但老人本身也坐到位置了，也没有其他需要坐优先席的人，电车里也不是很拥挤，所以男子坐一下应该也不是什么大不了的事。被说的男子嘴上虽然说着"哦"，却也没有要起身的意思，在老人下车后也继续坐着。这两个人的行为都反映出很强的固有观念，这一点十分可怕。

塚本　"行为主义"（behaviorism）通过观察行为来分析刺激与反应的关系，也被运用到建筑设计上，意图通过物理环境刺激人的反应，以此控制人们的行为。但据说这种想法受到了许多批判。最近的"环境控制型建筑"，指的应该就是这类建筑吧。我们的行为学想要表达的，正是"建筑无法控制人们的行为"。首先，"行为"并不仅局限于人，自然的要素、建筑之类的物体也具有行为。而且，做出行为的主体有自己控制行为的能力。我们试图使这些多元化要素（actor）的行为能够自由和坦诚地共存。从人的行为的共有性中也许我们能够找到解决的办法。人的行为不能为个体独占。活在某个社会、文化中的人们可以说是开源的，他们既拥有各式各样的技能，又具有学习能力。只要懂得这些行为，就有许多可以参与的场所。他们靠自己就可以创造或终结场所。也就是说，即使不享受任何服务，只要有责任感，就还有很多可以做的。我想要朝着给人勇气的方向创造建筑与公共空间。这就是我们在建筑设计中将重心从个体（individual）转向共有性（commonality）的冒险。

贝岛　因为各种限制，人们渐渐没法聚在广场上聊天了。以前在电车上让座是自然的行为，现在成了规则之后反而变得难以做到。本应该是自发的感情，却变成外部的胁迫，这一点也让我感到很可怕。如果把规则减少到最低限度，人们在相处时会更纯粹地考虑他人，这样也许就可以创造出被解放的建筑以及公共空间了吧。

3

城市空间中人们的行为

东京工业大学塚本由晴研究室

行 为 的 生 产
与 街 区 中 人 们 生 活 的 境 况

本书第1章提出，"人们的行为"这一共有资源是共有性的基础，而公共空间则是以此展开的空间设计，在第7章中也将会分享犬吠工作室的一些实践案例。我们在世界各地观察到各种城市空间中人们的行为，并把从中学到的很多成果运用到了实践当中，本章就是关于这些行为观察的报告。但在呈现这些报告之前，我想先对本章研究的问题——人们的行为的条件，连同讨论它们的文脉、捕捉它们的方式，以及将这些与公共空间等设计实践关联的可能性做一个阐述。

我们所关注的是赋予某个街区以特点的人们的行为。在这些并不固定的人群中反复出现的无偿行为，发生在他人目光可及的公开场所中。它们既不是特殊的行为，也不是特别的娱乐活动，而是以每日、每周这样的频率，在人们身上无意识地发生着的日常行为。因此，每年一次的"节庆活动"无法被纳入其中。因为节庆活动属于非日常的活动（但把准备节庆所做的行为纳入日常行为也未尝不可）。说到底，我们所关注的是某个街区所特有的，超越主体间差异而反复出现的人们自发的行为。它们同那些发生在为特定目的而建造的设施（学校、图书馆、美术馆等）中的行为不同，并不符合这些场所原本设定的目的，所以也很难在以建筑设计为核心的建筑

学体系中对其进行定位。但也正因如此，这些行为才不致为20世纪后半叶大肆扩张的"生命权力"所吞噬，从而幸存了下来。

福柯所指的"生命权力"是代替君主对人的"杀戮权"而出现的，是由提升人们生存的意志的一系列措施而建立起来的、对人们实施管理与统治的系统。由于其目的是提升人们对于生存的意志，因此很难对其进行批判。同时，它并没有对人们进行压迫，因此也无法将其视作某种权力。这种新的权力在公共卫生领域的影响力与日俱增，在建设领域内的渗透也在所难免。国家要对人们生活的安全负责，所以针对社会基础设施以及建筑物制定了一系列标准，由专家来管理生产体系，由学者来提出根据，在这种"产、官、学"相结合的建设体制下，"生命权力"被进一步推向环境化。在这种推进过程中，人们的行为也被大幅地梳理了一次。稍微把话题转到东日本大震灾后重建时设计的防潮堤上。政府为了保护民众的人身安全，用科学技术模拟海啸并计算出各种海啸的浪高及发生频率，以此为据建造防潮堤，希望能降低整个重建的成本，由此所带来的经济效益也是很可观的。然而随之而来的问题并不只是由于防潮堤修得太高而阻碍了看海的视野这么简单。科学人类学家

布鲁诺·拉图尔（Bruno Latour）将此称为政治、科学、工学、经济的强力组合。它们抹杀了其他选择的余地，比如居住在能看海的地方，就可以第一时间察觉海浪的变化，并迅速集结避难，像这样对每日生活的组织安排显然更符合当地人的生活方式。如果筑起新的防潮堤，那过去能看海的生活中出现的一些行为就会消失。

但也有人认为即便如此还是安全更为重要。我们也能理解当地对于投资的渴望。但是，这个防潮堤计划会让那些生活在里亚式海岸的人们变得不再知道如何在海啸发生时保护自己。从长远来看，或许这才是更加危险的。

像这样的"生命权力"系统虽然没有直接影响人们的行为，但由于其融合了诸多为人们着想的说辞，因而具有最终将人们的行为卷入其间，并加以限制的倾向。同时，由自发行为的共有而产生的人们之间的纽带也被打断，从而导致共有性出现退化。如果是这样，反而会使共有性在大地震发生的紧急时刻无法发挥出互助的力量。在以市场普遍性作为挡箭牌、忽视自由竞争之外选项的新自由主义的理论中，缺乏共有领域而与公众或整体分离的个体，恐怕会被剥个精光。如果想要掌握那些捕捉行为的方式，就必须对这个问题做出回应。

试想人们的行为是可以被生产的，是超越主体间的差异而反复出现的，因此在那些行为发生的场所多少应该存在类似行为的生产线一般的东西。"生命权力"系统中的做法，虽不直接触及行为，却因为涉及社会、自然、文化、经济，最终缩小了行为可以发生的范围，而使自律性无处发挥。那么不妨反过来操作，通过直接触及具有自律性的行为，从行为的角度来解读使其产生的社会、自然、文化、经济的关系。如果在这个体系中把握住人的行为，或许就能保护并扩大自律性行为的生产了。

当然我们也不是一开始就明白这些的。因为觉得有趣就一直观察行为，逐渐发现了可以引出这种可能性的框架。下面继续从原理上探讨构成这个框架的项目与行为的关系。

首先，对人们的行为来说，最不可或缺的是身体。身体具有体积，所以被一个人占据的场所就无法再为其他人所占据。身体中也蕴藏着无法从表面判断的身体技能。这些技能可以从他人那里习得，在练习中精进，逐渐为身体所熟悉。因此，在拥有这些技能的人们一起活动的场所中，会产生与各个技能相对应的空间大小和密度。例如在上海外滩的观景平台上，一早就聚集了许多热爱锻炼的人。在那里不仅能看到太极拳，还有交谊舞、健身操、放风筝、倒走等不同的健身方法。各种不同的健身方式与外界的距离相对固定，于是就产生了爱好者的集群以及友人间的聊天圈。通过对身体技能的共有从而形成"内部"，场所中也洋溢着这种处于内部的归属感。这种对空间的占有，没有物理的分隔，而是与周围集群的行为、江上船只的行为、路上汽车与自行车的行为等共存。本来宽阔而单一的平台，由于许多亲密空间的并存而变成了生机盎然的公共空间。

街道上孩子们的玩耍也与之相似，例如捉迷藏、在路上打棒球、在广场上踢足球、在楼梯上玩滑板等活动。孩子们的身体中蕴藏着基本技能，只要凑齐了最低限度的道具及伙伴，就能找到大小合适且安全的场地进行活动。但是，街道毕竟不是专门为了这些运动而建的，因此多少需要根据场地对规则进行调整，不过这不妨碍孩子们一边憧憬着成为职业选手，一边享受游戏。上海外滩的例子也是如此，大人会考虑自己行为的社会性，所以基本上可以将这些活动视为与朋友间的游戏，而不是利用身体技能去占有公共空间，将它们变成自己的属地，那样就会极其无趣。

其次，对人们的行为来说，自然也是不可或缺的。

比如，打扫这种用身体进行的劳作也在反复地生产行为，它是在自然要素的引导下所产生的人的行为。东京一些老住宅街区中至今仍林立着由树篱或树木环绕的住宅，清早就能见到人们在家门前清扫。尤其是在秋冬季节，落叶多的时候每天都要打扫。落在土上就无法被视作垃圾的落叶，在沥青道路上就会被认为是垃圾而成为需要被扫除的对象。强风下落叶会飞得很远，一直追逐落叶最后打扫到别人家门口的事也时有发生。但这样可能就会成为多管闲事了，因为对方可能会因此而觉得脸上无光。基地范围的存在使人们产生了这种烦恼。如果我们在观察打扫落叶这种行为时把那层烦恼也考虑在内，就会发现那里存在着随季节循环的气象"行为"，落叶、刮风等自然的"行为"，使落叶被当作垃圾的道路，收集落叶的扫帚等工具，以及让人烦恼这个行为是否越界的基地边界线。将人的身体置于这个互相关联的状态中，就会生产出清扫落叶的行为。反过来说，清扫落叶这个行为也使这些不相干的要素间产生了互相关联。

落叶打扫完就没有了，但树木、花草等的养护，就属于植物与人协同生产出行为的例子。例如在韩国光州的住宅区内，到处种着青辣椒和芝麻。不仅在那些因道路变化而产生的不规整的地面、由于住宅与道路间的高差而产生的斜面，甚至在路边放着的旧浴缸和阳台上的泡沫箱里，都种植着青辣椒和芝麻。这些城市农场（urban farm）共有了韩国的饮食习惯、光州农村时代的记忆、住宅区拥挤的建设等背景，在这些关联中产生了"行为"。反过来说，这些行为能将某些蔬菜、阳光、雨水、建筑的更迭，甚至大型垃圾都关联起来。

青辣椒和芝麻是自然的要素，为了食用被制成了食物或加工食品。食物和加工食品是将各处的食材组合，使其更美味、保存更长久的一种生活文化。接着我们再试着从饮食、加工引申到与音乐、乐器相关的行为上。在爱尔兰都柏林的某酒吧，周日晚上店里喝酒的人们会突然开始演奏，店员不会阻止，其他客人也与演奏的人们围坐在一起喝酒。小提琴、笛子、竖笛、吉他等熟悉的乐器混在一起，也有小的如风笛（uilleann pipe）般的和大的像铃鼓（bodhrán）般的乐器。他们演奏的是爱尔兰民谣，水平很高。中途会有人加入进来，也有成员会问其他人"会这个曲子吗？"由此看来这些人似乎不是同一个乐队。因为反复练习过，所以演奏技巧十分成熟，十分动听。这是周日晚上酒吧例行的"演奏会"，它们并不是店里的节目，而是客人的娱乐性演奏，所以既没有出场费，也不需要付场地使用费。以爱

尔兰民谣这种融合了当地历史的文化资源为平台，以啤酒作为润滑剂，各种主体带着乐器演奏这项技能来参与，生产出了演奏会这种"行为"。不参加演奏的人们和游客也能在此共处，显示出了这个酒吧作为公共空间的宽容度。在酒吧演奏的人充满自信，看见他们高兴的表情，我相信演奏会对生活在当地的人来说是一种文化名片。在这里，音乐是为人们所共有的、自主的事物。显然，它展现了共有性对社会纽带的强化作用。演奏会不像我们观察到的其他例子那样在室外发生，它虽然诞生于酒吧的餐饮功能，却是一种将酒吧与社会、文化等从更深层次的角度关联起来的"行为"，因此我们也将其视为公共空间的实例。

与之相比，我们身边的音乐环境面对激烈的产业化已然陷入沉寂。想听音乐就花钱去买，想唱歌就花钱去卡拉OK，那里准备了许多可供选择的歌曲。但身边的人谁也不知道自己喜欢什么歌，会唱什么歌，这种事情很常见。在产业化的音乐环境中，音乐将人分散，随之而来的是对商业被动而强烈的依赖。在危难时刻，我们能否像抵抗美军侵略时的越南人民那样从心底进发出歌声呢？

在城市中捕捉人们的行为时，交通工具、建筑物、

韩国光州的住宅区里到处种着青辣椒和芝麻

爱尔兰都柏林的酒吧里，客人们持续演奏爱尔兰民谣

构筑物等都是不可或缺的对象。另外，还想再说一下自然、气象等与人的行为的关系，但这部分还是放在后面公共空间的行为调研报告中详述吧。最后再总结一下我们的主张，那就是：人们的行为是生产出来的。城市中遍布着固有的行为生产线。这些都与人的身体相关，因此超越主体间的差异可以使行为不断复制。这条生产线的组成部分包括气象、自然的"行为"，道具、交通工具等物体，运动、音乐、饮食等文化性技能，以及其所在的市政设施、建筑物等之间的相互联系。反过来说，行为将这些不同的事物关联起来。因此通过讨论赋予街区以特征的行为，可以从行为追溯到这些相互联系。追溯事物间的相互联系，就能对自然、社会、文化、环境的关系，即城市中人们生活的境况进行解读。

能从事物的相互关联中产生固有行为的场所，以及在那里实践那些行为的人们，通过行为的产生而被彼此赋予特征。这就是场所与行为的相互依存，即场所性。在由行为连接起来的事物间的相互关联中，我们看到了建筑设计的可能性，其目标并非"作为可计量个体总和的整体"，而是"由事物间关系网络构成的整体"。必须重塑后一种整体，它的缺失事关当代，尤其是城市生活的片断化。从衣、食、住到音乐，无处不

在的产业化加剧了这种片断化。建筑在其中也起到了推波助澜的作用。人们由此相信了一个诡辩，即选项的增加意味着个体自由意志的扩大。我们关注人们的行为，正是将这类诡辩相对化，从中拯救出被逼至死角的共有性。因此在我们看来，将行为作为思考的视角是将建筑实践的重心从"个体"转移到"共有"的有效手段。

然而，建筑设计无法直接触及行为，因为行为应该是属于人的。所以我们能做的是介入行为的生产线，即在理解上述事物间相互关联的基础上，重新构筑更加正确的整体性，反复重新认识这个问题。如果这个前提能够成立，那么将重心放在共有性上的公共空间设计就可以朝着使事物间的相互关联更丰富的方向进行，去提出一系列物质上的建设方案，让它们获得社会认可，并使人们自律性的行为得以稳定地重复。

塚本由晴

01 哥本哈根的桥

丹麦，哥本哈根，路易斯女王桥

Dronning Louises Bridge, Copenhagen, Denmark

倚靠在蓄热的石栏板上

坐在栏杆上的人

被西晒阳光烤暖的石板地面

注视着路上经过的改装自行车

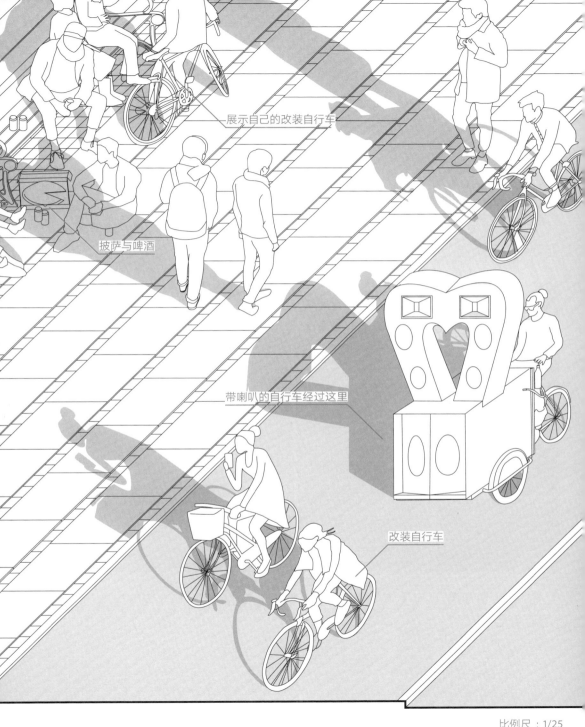

展示自己的改装自行车

披萨与啤酒

带喇叭的自行车经过这里

改装自行车

比例尺：1/25

九月末的路易斯女王桥上，人们靠在被阳光晒得暖暖的石栏板上，
行人和自行车从他们面前经过

路易斯女王桥（Dronning Louises Bridge）位于哥本哈根市中心熙来攘往的腓特烈堡街（Frederiksborggade）北面，横跨在形状细长的佩布林格湖（Peblinge Lake）与索尔特当斯湖（Sortedams Sø）之上。我们是在九月底的一个傍晚去的这座桥。那天天气微凉，骑车的人都穿着外套，也有不少穿着T恤的年轻人坐在步道旁一边喝酒一边弹吉他，同时望着人行道上来往的人群。这座桥从西北伸向东南，因而东北侧的步道在下午阳光充沛，而另一侧则因为照不到阳光而鲜有人问津。仔细一看，大家正倚靠着石栏板。经太阳晒过的石栏板散发出的热量使这里在微凉天气里也能让人感到舒适。在这里，有太阳的"行为"、石头蓄热放热的"行为"、凭栏而坐的人们的行为。同时，在他们面前行走的人、骑行的自行车以及飞驰的汽车等也有着各种不同的速度。

这座桥曾经交通繁忙。2008年起开展了一项减少市中心交通量的社会实验：在一定时段内，除公交车、出租车外的其他机动车被限制进入包括这座桥在内的数公里范围。这项实验大获成功，机动车道得以减少，在2010年自行车道和人行步道也因此被拓宽。年轻人发现了这里的太阳和热量的"行为"，在结束了一天的学习和工作后，傍晚时分便聚集于此，身体力行地创造着自己的公共空间。

02 卢森堡公园的椅子

法国，巴黎，卢森堡公园
Jardin du Luxembourg, Paris, France

记录人行为的椅子

多人坐成一圈

4人聊天后的摆放方式

记录下人们行为的椅子

用2把椅子来读书

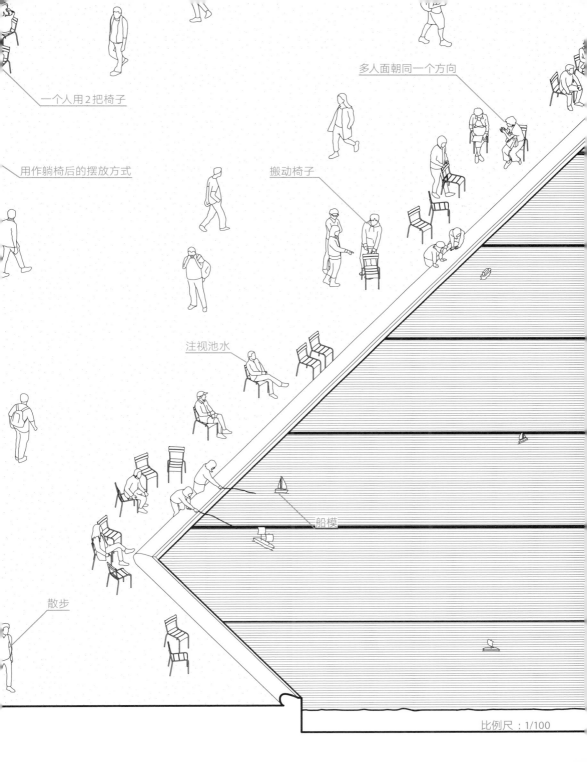

一个人用2把椅子

多人面朝同一个方向

用作躺椅后的摆放方式

搬动椅子

注视池水

船模

散步

比例尺：1/100

巴黎的卢森堡公园（Jardin du Luxembourg）里放置了许多深绿色的铁制椅子。这种椅子的重量是成人可以单手提起的，所以可以搬去公园中任何自己喜欢的地方，随心所欲地使用。把椅子搬到水池边上的人，除了直射的阳光，还利用水面的反射光享受日晒。将两把椅子面对面放置的人，像在躺椅上那样将脚伸直午睡。把椅子搬到树下的人在树荫里阅读。把椅子围成圈的小组愉快地进行着交谈。公园中有各种行为，但这些行为多数是通过在公园的不同环境中改变椅子的使用方式而产生的。由椅子产生的不仅仅是人身体的行为，从面对面的三把椅子可以想象出三人聊天的场景，这种"行为"随着身体的行为而产生。因为椅子不是固定的，也有人担心会被拿回家，但实际上好像没人将它带出公园。人们对如何使用这些椅子有自己的心得，并且共有了某种约定俗成的规则——将椅子拿出公园有损巴黎市民的荣誉，会受到严厉的谴责。从这层意义上来看，这也是了不起的发明。因为这些椅子是1923年巴黎市公园科引进的，所以在巴黎皇家宫殿（Palais-Royal）中也有这样的椅子。

← 人们通过摆放椅子来随心所欲地创造场所。椅子记录了人们的这些行为

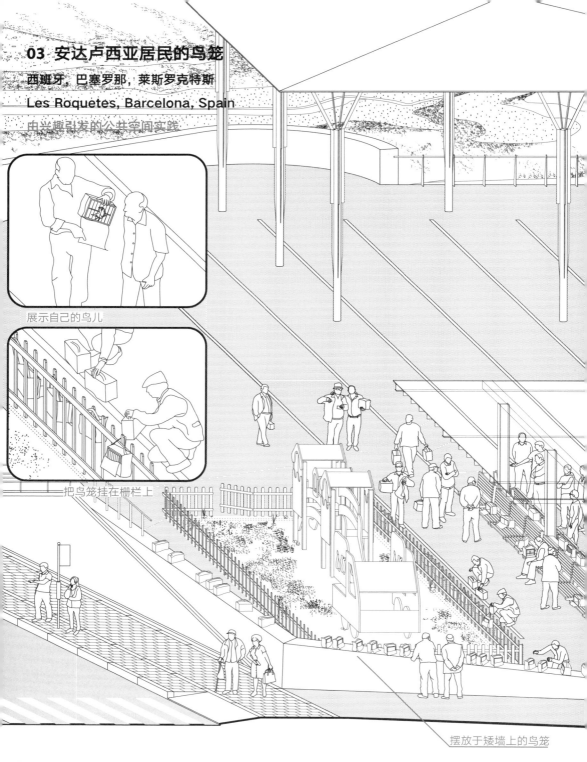

03 安达卢西亚居民的鸟笼

西班牙，巴塞罗那，莱斯罗克特斯
Les Roquetes, Barcelona, Spain

由兴趣引发的公共空间实践

展示自己的鸟儿

把鸟笼挂在栅栏上

摆放于矮墙上的鸟笼

背对着景色的人们

设计得很锋利的栏杆

聆听鸟儿的叫声

摆放鸟笼

比例尺：1/120

（上）人们把鸟笼放在长椅和斜坡的栏板上，然后聚集在周围，背对着景色的方向

（下面 2 张）建在斜坡上的仿佛安达卢西亚的街巷

住宅密集的莱斯罗克特斯（Les Roquetes）地区位于一片可以眺望巴塞罗那市区的斜坡上。这里过去曾是非法占据地，20世纪70年代末受城市扩张的影响才被合法化，并被归并为巴塞罗那的一部分。现在这里的"生命线"得到整治，设置了公共电梯来方便上下斜坡，还开通了连接至市内的地铁。由于高差的缘故，靠近山体并与道路邻接的地铁站屋顶被设计成了广场。即使在工作日的白天，广场上也聚集了许多成年男子。因为经济不景气，这些人中除了老人也不乏年轻人。那些人会盯着一些并排的、不知道是用来干什么的小盒子看——凑近一看原来是鸟笼。相互比较鸟的叫声是住在这里的人们独有的兴趣爱好。虽然偶尔也有一些比赛，但平时人们只是拿着鸟笼在公园炫耀。长椅上、斜坡的石头栏板上都放着鸟笼，儿童游乐园外围的木栅栏上也挂着鸟笼。但不管是放在哪里，这些地方似乎都背对着能够眺望巴塞罗那市区的方向，这让人感觉有些好笑。因为这个广场正是以眺望巴塞罗那市区为目的而设计的，所以那些背对市区赏鸟的男子们就显得格外奇怪。究其原因，是能够眺望巴塞罗那的那一侧的铁围栏设计过于简洁而无法放置鸟笼，所以人们就只好背对着那景色来进行品评会了。没有考虑放置鸟笼的问题显然是这个广场设计上的欠缺。虽说广场是为大家而并非为特定人群设计的，但如果能想象使用场所的人，如果他们之间存在某些共有的行为，那通过整治环境来使这些行为变得更美好、更容易发生就很重要，并且这么做也应该不会妨碍广场的公共性。如果考虑了放置鸟笼的位置，使得人们可以边眺望巴塞罗那市区边欣赏鸟鸣，那这些行为一定会让这里变得更加精彩。非本地的居民走到这里，也会感觉生活充满幸福。正因为没有考虑到这些，这个广场的设计才产生了相反的效果。

这个山丘地区的街道与安达卢西亚的街道十分相似，大概是因为20世纪30年代安达卢西亚人被作为劳动力带到巴塞罗那时，曾在这里落脚。那时他们在市区内的建设工地劳动，会不时带一些砖瓦回来，并用自己熟悉的方式建造家园，因而这里就形成了安达卢西亚一般的街道。据说养鸟或者与朋友互相比较鸟鸣声是安达卢西亚男性的共同爱好。空间的设计应该设法鼓励这些无形的行为，而非阻碍它们。

斜坡栏杆旁和游乐场的栅栏上放满了鸟笼

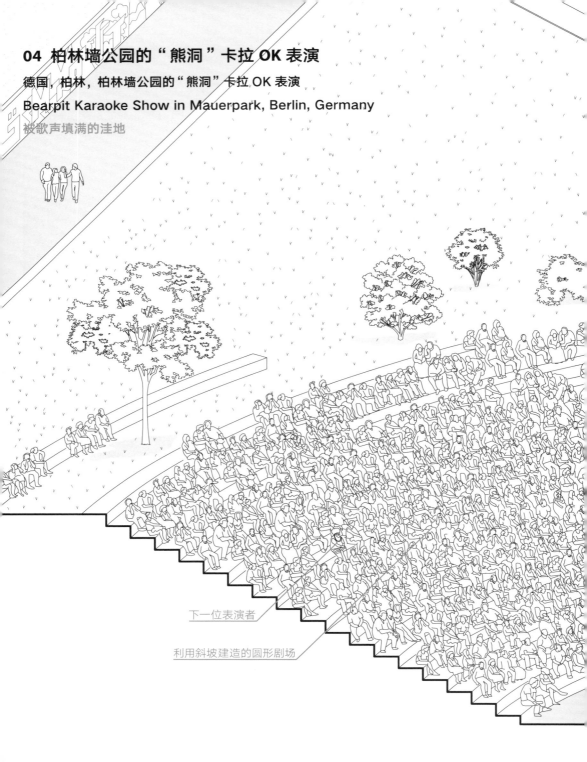

04 柏林墙公园的"熊洞"卡拉OK表演

德国，柏林，柏林墙公园的"熊洞"卡拉OK表演

Bearpit Karaoke Show in Mauerpark, Berlin, Germany

被歌声填满的洼地

下一位表演者

利用斜坡建造的圆形剧场

表演者的细节图

便携扩音系统细节图

主办者休息时用的折叠椅

器材遮阳伞

扬声器A

活动海报

话筒

扬声器B

电脑控制的遮阳伞

电脑

电子扩音器

卖啤酒的阿姨

主办者

表演者

便携扩音系统

比例尺：1/150

周末，柏林墙公园（Mauerpark Berlin）里会有跳蚤市场。在树木混杂的野地上行列着简易小木棚摊位，售卖旧衣服、旧唱片、旧家具等。穿过这片林木就来到了一片开阔的野地上，这里聚集着许多与亲朋好友一同来烧烤的土耳其人。东侧体育馆边的斜地上是一个利用地形建成的圆形剧场，坐满了观众。舞台上有一个人在唱歌，背后有一名男子在操作小机器。唱完之后该男子会接过麦克风，呼喊某个人的名字。之后观众席中会有人举手并走下舞台，然后另一首曲子响起，那人就开始唱起来。原来这里是业余卡拉OK大会，听众炙热的目光让人印象深刻。就算唱得不怎么样，观众也会用手打节拍以示鼓励，如果唱得好更是高声喝彩。他们不仅会欣赏这些人的唱功，还会仔细品味他们的选曲，并一起带动整个场所的气氛。这座朝西的圆形剧场在太阳落山前都一直洒满阳光。

经询问后得知，这个卡拉OK大会始于2009年，现在已经成了固定每周日举行3小时的免费活动。主办者是英国男子乔·哈奇本（Joe Hatchiban），想唱歌的人需要提前在网上预约。乔在电脑里准备好当天的歌曲，骑着由自行车改造的音响系统来到这里，首先自己高歌一曲，接着呼喊预约者的名字，开始播放歌曲。他的目的是，通过歌声创造一个能让平时处于不同社会立场的人相聚的场所。在超过1000人的活动中，有时还出现卖啤酒的阿姨的身影。现在可口可乐也来赞助这个活动了。

柏林墙公园是在1989年柏林墙倒塌后，在两重墙壁间的无人地带修整出的公园设施，也有一些展览，让人可以在现场了解关于柏林墙的各种故事。

← 圆形剧场里坐满了观众，预约表演的人被叫到名字时就会走到舞台上

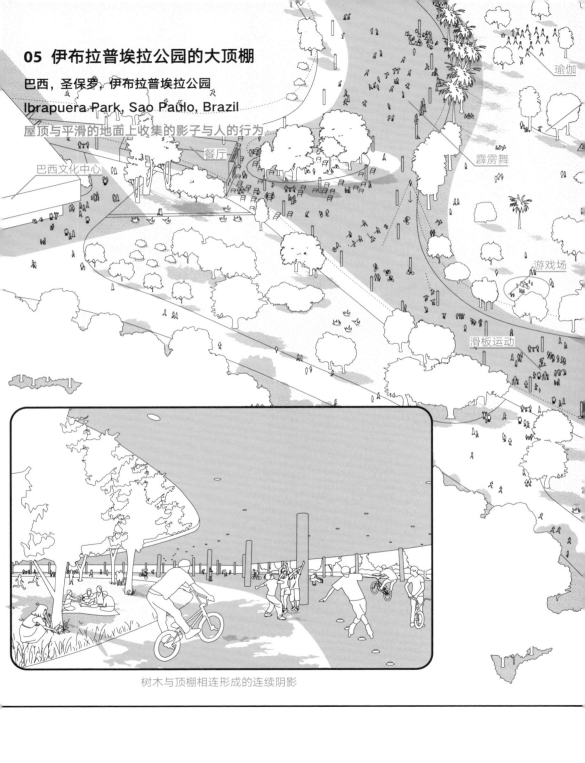

05 伊布拉普埃拉公园的大顶棚

巴西，圣保罗，伊布拉普埃拉公园
Ibrapuera Park, Sao Paulo, Brazil

屋顶与平滑的地面上收集的影子与人的行为

巴西文化中心

餐厅

瑜伽

霹雳舞

游戏场

滑板运动

树木与顶棚相连形成的连续阴影

走软绳

野餐

踢足球

伊布拉普埃拉公园音乐厅

室外音乐会

掷飞盘

卡波耶拉舞

骑越野自行车

单排轮滑

奥卡丘形美术馆

卫生间

单排轮滑球

现代美术馆

双层顶棚

比例尺：1/1000

练习越野自行车的人们

夕阳的光线在地面与天花板之间反射，洒落在顶棚的深处

霹雳舞者们看与被看的关系

位于圣保罗的伊布拉普埃拉公园（Ibrapuera Park）里有郁郁葱葱的树木和柔软的草地，是市民可以悠闲度过周末的休憩所。与犯罪率高和压力巨大的市中心相比，这里的人们似乎显得很平和。漫步在公园里，透过林立的树木间隙，隐约可以看到一个6米多高的混凝土顶棚，走近后才发现这不是凉亭之类的建筑，它的长度远超想象，让人大吃一惊——简直从未见过如此之低矮、宛如沿着地面蔓延的建筑。

因为阳光很强烈，人们都想要躲到阴影中。这个顶棚由双层楼板构成，所以阻隔了来自顶棚上表面的热辐射，且具有一定的跨度。顶棚的平面形成的阴影空间与公园的绿荫连成一片。混凝土地面随着地形缓缓地倾斜，于是这里成了滑板、曲棍球、越野自行车等以轮子为移动方式的城市运动的圣地。聚集在另一边的人群则在跳霹雳舞，每个人似乎都十分得心应手。这里也有餐厅，人们在顶棚下用餐。也有推着餐车卖零食和饮料的小贩，有人买了冰淇淋边走边吃。各种随心所欲的行为发生在同一片顶棚下。

顶棚最浅的进深也有50米左右，所以中心区域只有从侧面照进来的阳光。在顶棚下向远处望去，由于逆光，大家都成了在光线中运动的剪影。夕阳能照进最深的地方，把那里的空间都染成了红色。

这个公园是1954年为了纪念圣保罗建市400周年而建造的，里面错落地布置着博物馆、美术馆、剧场等文化设施，并由大顶棚串联起来。受到奥斯卡·尼迈耶这项杰作的启发，我们觉得大部分活动发生在室外似乎也不错，也从中看到了敞廊空间的可能性。

← （上）在顶棚下经营的餐厅 （下）围观霹雳舞表演的人群

06 天坛公园的早晨 东门前

中国，北京，天坛公园

Temple of Heaven, Beijing, China

被各式各样的锻炼占据的空间

慢跑

绕肩

花棍舞

舞太极剑

五禽戏

抖空竹

人行道被呈网格状植栽的树阵突显出来

打麻将

读书

跳交谊舞

地书

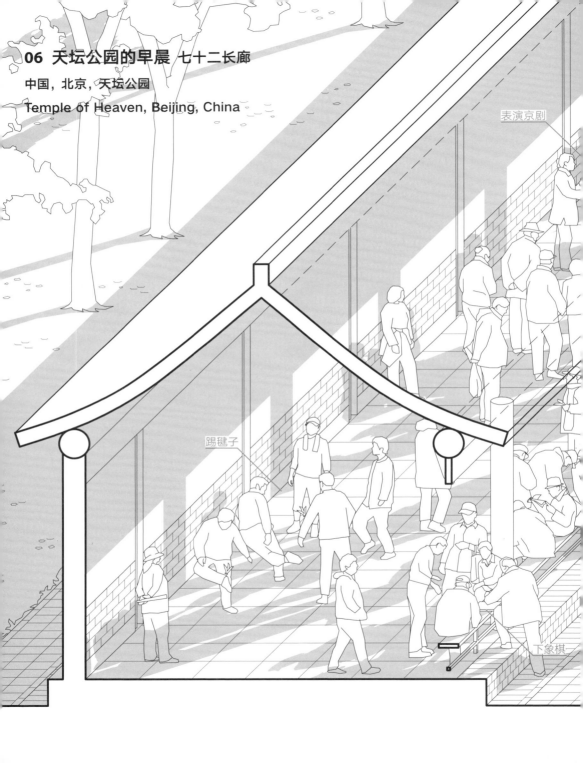

06 天坛公园的早晨 七十二长廊

中国，北京，天坛公园
Temple of Heaven, Beijing, China

表演京剧

踢毽子

下象棋

表演京剧

读书

织毛衣

演奏乐器

玩扑克牌

看报纸

象棋细节

毽子细节

比例尺：1/50

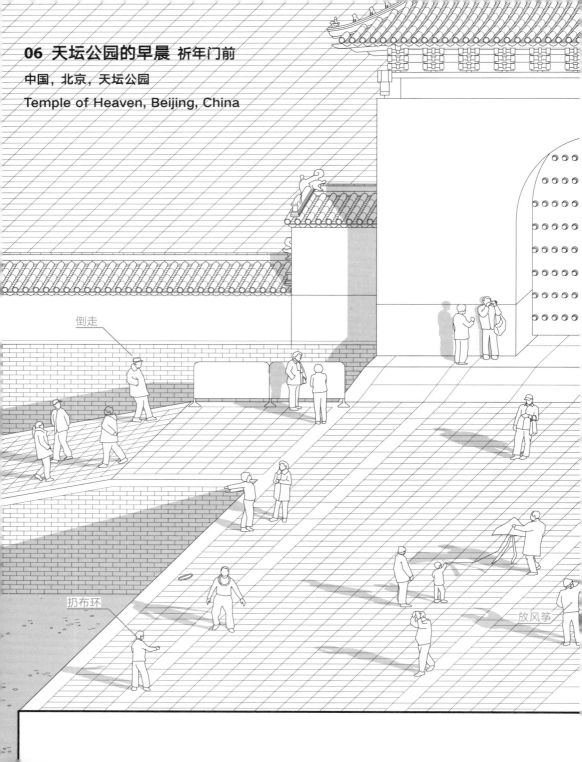

06 天坛公园的早晨 祈年门前

中国，北京，天坛公园

Temple of Heaven, Beijing, China

倒走

扔布环

放风筝

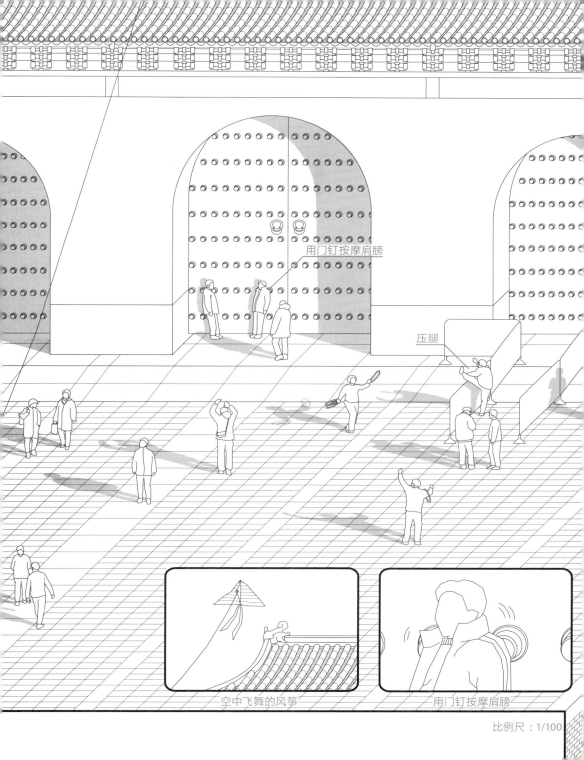

用门钉按摩肩膀

压腿

空中飞舞的风筝

用门钉按摩肩膀

比例尺：1/100

在斜坡上倒着走

用枯木的凸出部分按压肩膀上的穴位

以水代墨在地上写字的"地书"

在树林中打太极拳等独特的养生活动

被网格状树阵界定的人行道上，
忽然有倒走的人横穿而过

在泥地上抖空竹，以免空竹摔碎

舞太极剑

踢毽子高手的动作像跳舞一样

在七十二长廊前练太极拳的人们

一种融合了羽毛球与太极的运动"太极柔力球"

交谊舞

北京天坛公园早上六点，漆黑的公园四处传来不可思议的"囉囉"声，有人在公园中轴线的石块铺地上倒着走，有人在往前一点的南门附近的斜坡上倒着上下走，还有人靠在门板的铁钉上按摩肩部穴位。天色渐渐转亮，才发现身处于巨大的树林之中。公园中多柏树，大树彼此间隔6～7米，形成了树阵，延伸了正面、侧面、斜线方向的视野，既能看到100米开外的人在缓慢地做动作，也有倒着走的人很快地从身边经过，而树荫下尽是各种随心所欲运动的人们在忽隐忽现。我们只知道缓慢的动作是在打太极拳，除此之外尽是没见过的动作。有人用老树上的凸起按摩背上的穴位，有人把手指按在树干上往上推，或者用整个手掌向下蹭。有人边念经边做体操，有人把陀螺绑在棍子一端的绳子上让它"嗖嗖"打转，还有人打板球、放风筝、挥鞭子、跳交谊舞、舞剑，甚至有年轻女性跟着流行音乐跳有氧操。七十二长廊里的人群则分成一组一组的，有踢毽子的，也有靠着栏杆打扑克、唱歌的，还有在石块铺地上用大毛笔写地书的。大家各自发明了自己的健身方式，随心所欲地运动着。

从15世纪中期开始，这里一直是明、清皇帝祈求五谷丰登的大型园林，如今每天清晨许多中老年男女聚集于此。因为这里的枯树会用新树替换，所以树龄300年的老树边上会有树龄10年左右的新树。树阵在公园中创造了许多没有墙壁的透明的"房间"。人们丰富多彩的行为交织重叠，仿佛一幅绘卷。而如此丰富的健身文化得以成立，要归功于20世纪50年代中国政府的政策将太极拳简易化，以促进人们的健康。不过其实在这里活动的人们也不是由政府召集的。大家能掌握这么随心所欲的健身方法，真的是了不起。但是随着经济的迅速发展，人们的生活习惯也在发生改变。一旦社会开始注重环境管理，行为就可能受到限制，从而开始逐渐顺应环境。随着中国人的世代更替，那种能激发出空间的身体行为是否还能一直保持呢？

07 上海的自行车
中国，上海，四川中路
Middle Sichuan Road, Shanghai, China
个性化的自行车流

流动自行车修理摊工

骑自行车的人群

流动自行车水果摊

中国邮政储蓄
post saving bank of China

四川中路

运货（盒子）的自行车

载客三轮车

一家三口骑一辆车

运货（长物体）的自行车

挂着肉鸡的助动车

挂着桶的助动车

载客摩的

成群结队的自行车与助动车

在互不接触的前提下保持一定速度骑行

用改装自行车运货

运送观赏植物

运送建材

载客三轮车

运送肉鸡

手摇自行车

2002年，我们为参加上海双年展的预调研而来到这座城市。起初是被遮蔽天空的超高层建筑物吸引，后来逐渐把目光转向路上的生态及习惯，自行车行为尤为有趣。市内有自行车专用的车道，数量惊人的自行车川流不息。一旦开始骑行，就会与其他人保持相同速度，以避免发生碰撞，进而成为整个车流的一部分。遇到红灯也不会马上停下，只要整个群体在移动就会继续穿越马路。当时还有三轮车在市内运送物资，因此经常能在街道上看到暴露在外的货物在移动，比如观赏竹、塑料波浪板等建材、椅子等家具、重叠的纸箱等。也有泡沫箱这类轻质的货物，叠了3米多高。为了适应载货三轮车，人们也会进行很多大胆的改造：比如把放食用油的桶挂在自行车后座以保持两侧的平衡，或者将自行车改造成"人力出租车"或给腿脚不便的人使用的手摇自行车。如此数量的自行车在路上穿行，难免发生故障，于是在路口会有修理自行车的小摊。在自由经济活动受到限制的那个年代，人们为适应生活中的各种情况而进行的这些改造充满了创意，以及欢乐。这些从各处涌出又流向四方的自行车流（flux），在城市中创造出朴素又生气勃勃的氛围。

我们从这些观察中获得了一些能在城市空间中运用的想法，比如流动管理（flux management），或者是制造微型公共空间，即通过介入这些流动来使人流形成小型涡旋一样的聚集。开始进行高层化建设的浦东陆家嘴地区是禁止自行车通行的，这是把自行车看作贫穷的象征而采用的否定式管理方式。而流动管理批判了这样的做法，旨在鼓励自行车流以及将它们身体化的上海人。带着流动管理这个想法，我们在上海双年展中创作了自行车与另一道路要素"家具"的组合"家具车"（Furni-Cycle）（参见本书第188、189页）。我们能理解用汽车代替自行车是中国经济发展的象征，只是少了一个有上海特色的事物，会让人觉得有点落寞。

08 因日本队世界杯获胜而沸腾的六本木路口

日本，东京，六本木
Roppongi, Tokyo, Japan

改变人行横道使用方式的狂欢

齐声高喊"日本、日本"

人行道上拥挤的人群被红灯拦住

交警用绳子拦阻人群

助动车加速通过

穿蓝色日本队服的人

陌生人相互击掌

过马路时相互击掌的人们

2002年世界杯赛中，日本队以2∶0击败突尼斯队，首次进入淘汰赛。此消息一出，欣喜若狂的人们如潮水般涌上东京繁华区域的街头庆祝。看到这种热闹的场面，我们跑去了六本木路口一探究竟。在六本木站的地下通道里，要出来的人与要进去的人混在一起，擦肩而过的人们互相拥抱，不断高喊"日本，日本"。而地面上人们也在人行道上来回奔走。这些都是因为东京没有可以在这种时刻供大家欢聚的广场。一旦人行横道上的人流被红灯阻止，四处就会响起"日本，日本"的呼喊声。马路上有大量的警察，不断地鸣哨和挥舞交通管理灯来指挥人流。人行横道的信号灯一旦变绿，两侧等待的人群就开始向对面行进。两拨人流互相碰擦、合流，一边高喊着，一边与擦肩而过的人相互击掌。不知是从谁开始的，这种行为迅速蔓延到身边的人，成为了集体的活动。绿灯开始闪烁后，这次换警察一齐鸣哨，用黄色带子隔开人行横道与车道。这些哨子声听起来又有些像庆典活动中的乐声。中间留出隔离带之后，又传来了"日本，日本"的欢呼。警察用身体隔离出的车道上，缓缓驶来两辆"暴走族"的摩托车，引擎发出"轰隆轰隆"的声音。步道上被阻止前进的人群见状后变得更加兴奋，等着看警察追逐暴走族的好戏。然后信号灯又变绿，人们又开始击掌，绿灯开始闪烁，警察鸣哨并拉起围挡，被阻止前进的人群高呼"日本，日本"……

我们从混乱的人群中抽身而出，来到人行横道正面的"ALMOND"咖啡店二楼，用录像的方式记录下这一盛况。从高处望去，人群中半数的人在反复穿越横道线，他们与警察一起，展现出的景象仿佛是在兴奋地参加节庆活动。平时的人行横道信号灯和斑马线被人群甚至警察重新解读成了游戏的场所和道具。这是利用自己的身体来进行的公共空间实践。

09 东京工业大学的赏樱会

日本，东京，东京工业大学
Tokyo Institute of Technology, Tokyo, Japan

与樱花盛开相同步的人群行为

带孩子的妈妈们

当地居民的聚会

鸽子

独自在樱花树下观赏

带家人来参观的留学生

两个人在樱花树下观赏

情侣

社团成员的聚会

拍摄樱花的人

幼儿园的孩子们

祖孙俩

大学研究室成员的聚会

比例尺：1/50

樱花盛开时节人们聚集的盛会

在共有性上，赏花是一种十分有趣的行为。每年春天樱花盛放是自然的规律，这是谁都能享受的大自然的馈赠，因此可以看成是一种共有资源。每年周而复始的这种樱花的"行为"预示着春天的来临，日本人也因此发明出各种庆祝的行为。

赏花最重要的是时机。樱花盛放时那种充满欢笑的盛会，如果放在开花前或凋谢后都会令人感到兴致大减。盛会无需做太多准备，其实就是把在一般建筑物中举行的庆祝活动搬到盛放的樱花树下。但如果是在金泽的兼六园，正确的做法应该是在散步之后去料亭用餐，而很少会在樱花下宴饮。与之相反，如果是在上野公园甚至可以在花下唱卡拉OK。而茶会的赏花又有自己独有的方式。因此，赏花这种行为在不同场所、不同团体中也都不尽相同。如果过于脱离所处场所的惯常做法，就会影响别人赏花的兴致，受到非议。因此，赏花是建立在易被打破的平衡之上的。也就是说，从中产生社会性是十分重要的。在农村，通过农作物就能产生与自然规律相适应的社会性。但在物欲横流的城市中，能够产生社会性的或许也只有赏花了，尽管这仅仅是一项娱乐活动。在世界其他地方也有樱花，但那里却没有像日本这样的赏樱会，是因为那些地方的人不具备这些行为。从很久以前，日本人就懂得遵循樱花的开花规律来展开活动。所以一到樱花时节，人们不需要邀请与号召便会自发走出家门去享受樱花，在樱花树下吃便当、饮酒。樱花的盛开将人们体内隐藏的行为激发了出来。这种隐藏在身体内部的行为被激发的愉悦，从北野大茶汤[14]开始一直持续至今。

通过追随樱花盛放的时节，人们共有了这段时间以及每个人的行为，从而产生了社会性，并维持了场所的性质。从中可以看到自然与社会相混合的公共空间的存在方式。这也是赏樱会中的共有性的本质。

---

14   译者注：1587年11月1日，丰臣秀吉在京都北野天满宫内举办大规模茶会，称"北野大茶汤"。

10 在莱茵河上游泳

瑞士，巴塞尔，莱茵河
Rhine, Basel, Switzerland

把身体交给水流，在城市中游移

小艇

栈桥

将防水包用作救生圈

在河中随着水流游动的人

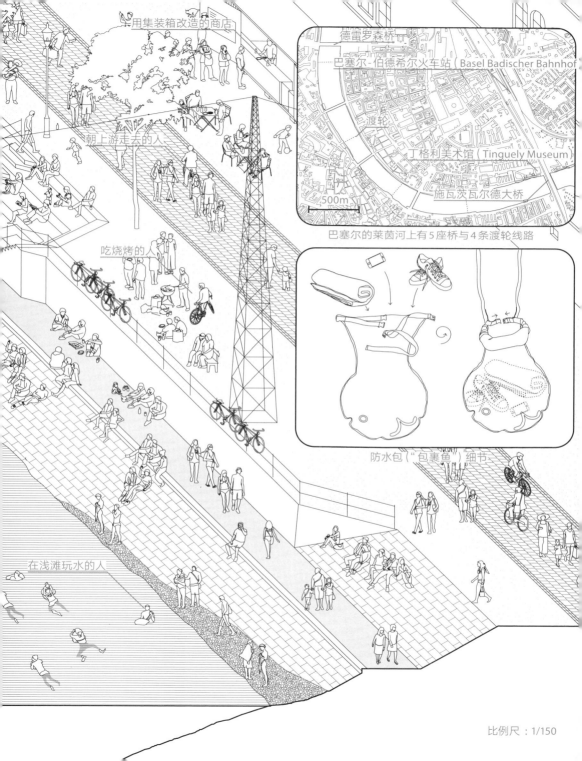

用集装箱改造的商店

朝上游走去的人

吃烧烤的人

在浅滩玩水的人

德雷罗森桥

巴塞尔-伯德希尔火车站 (Basel Badischer Bahnhof

渡轮

丁格利美术馆 (Tinguely Museum

施瓦茨瓦尔德大桥

500m

巴塞尔的莱茵河上有5座桥与4条渡轮线路

防水包 ("包裹鱼") 细节

比例尺：1/150

从桥一侧的浅滩进入河里，将身体交给水流，自在地游泳

将防水包用作救生圈辅助游泳

人们返回上游，来到阳光充足的右岸吃烧烤

蜿蜒的莱茵河穿过这座城市，左岸（南岸）的大巴塞尔（Grossbasel）是老城区与行政商业中心，右岸（北岸）的小巴塞尔（Kleinbasel）是产业地区。两岸之间架有5座桥作为主要的交通道路，另有4条渡轮航线。渡轮的历史悠久，通过缆绳与西岸相连的小船仅靠水流的反力前进，显得十分有趣。

到了夏天会看到有人在河上游泳。人们不是仅在一处，而是喜欢在桥和缆绳之间穿行，进行长距离游泳。从黑森林桥（Schwarzwaldbrücke）到德雷罗森桥（Dreirosenbrücke），人们让身体随着缓慢的水流从三座桥下通过，全程1.8千米，大约花费15分钟。岸上则有想要再次体验水流的人，他们正在朝上游走去。游泳的人拿着"包裹鱼"（Wrapping Fish）和"沙滩罩"（Beach Cabin）。"包裹鱼"是防水包，拥有7层防水构造，游泳时里边可以装衣服、鞋子、毛巾等，还可以兼作救生圈。"沙滩罩"是浴巾，斗篷般的形状可供头与手穿过，披着这个到哪里都可以更衣。炎炎夏日的周末，这里自然聚集了许多人，就连工作日的午休时分，也会有上班族来这里游上一会儿。东西都放在防水包里，游完接着回去工作。每年这里还会举行一次游泳大会。

午后阳光射向东北方，所以大家基本都聚在右岸，傍晚时分带着啤酒和烤炉在岸边开始烧烤。岸边有一种由集装箱改造成的叫作"比韦特"（Buvette）的小型酒吧，有固定的烤架，也卖各种食品和饮料。

莱茵河曾因化学工业区及废水处理厂而受到污染，1986年药品仓库发生大规模火灾，情况严峻，下游100千米处污染严重，大量鱼类死亡。化工企业在发布会上努力为自己辩护，但巴塞尔市民却纷纷冲上台，将鳗鱼的尸骸扔向官员们。经过了这次教训，河水净化工程得以展开，最近几年每年都举办游泳活动。

11 加拉塔桥的垂钓

土耳其，伊斯坦布尔，加拉塔桥
Galata Bridge, Istanbul, Turkey
鱼的行为与人的行为的邂逅

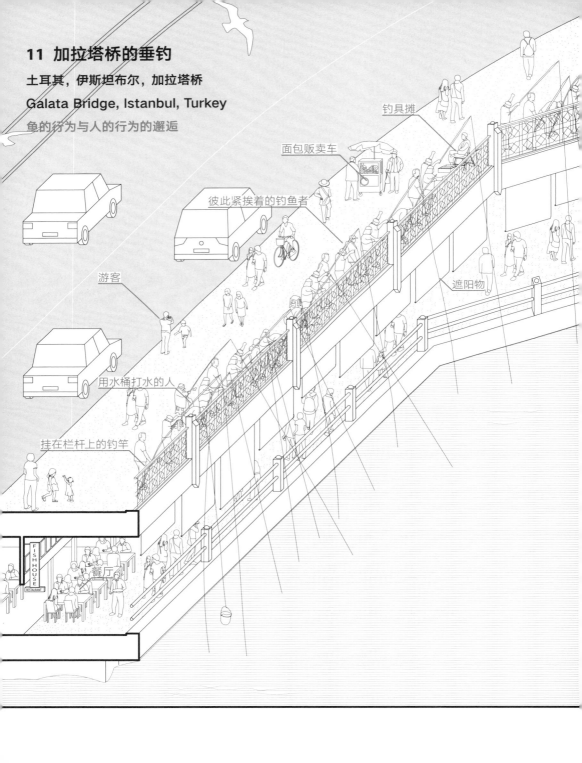

钓具摊

面包贩卖车

彼此紧挨着的钓鱼者

游客

遮阳物

用水桶打水的人

挂在栏杆上的钓竿

FISH HOUSE
餐厅
RESTAURANT

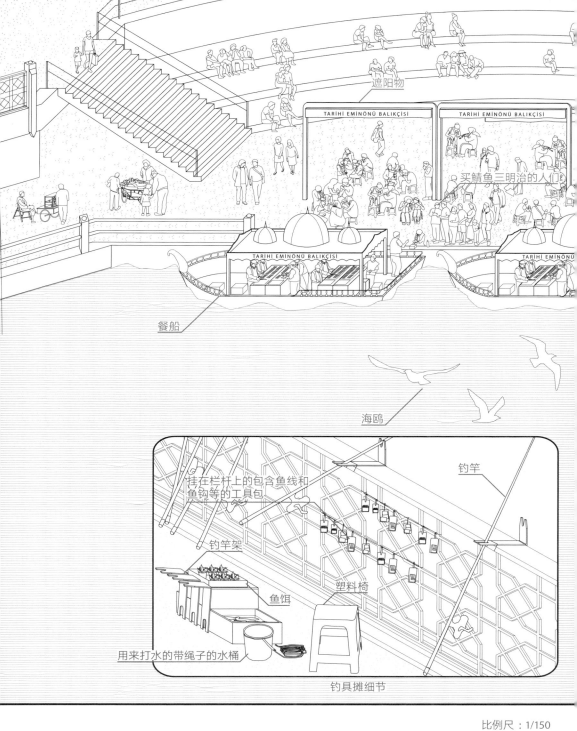

遮阳物

TARİHİ EMİNÖNÜ BALIKÇISI　　　TARİHİ EMİNÖNÜ BALIKÇISI

买鲭鱼三明治的人们

TARİHİ EMİNÖNÜ BALIKÇISI

TARİHİ EMİNÖNÜ

餐船

海鸥

挂在栏杆上的包含鱼线和
鱼钩等的工具包

钓竿

钓竿架

鱼饵

塑料椅

用来打水的带绳子的水桶

钓具摊细节

比例尺：1/150

桥下林立的餐厅

钓竿的对面是卖鲭鱼三明治的餐船，
再往远处是耶尼清真寺

从早上就开始兴致勃勃地钓鱼的人们

临时钓具摊

伊斯坦布尔的金角湾上，有一座分上下两层的加拉塔桥。上层供汽车与路面电车行驶，下层则是布满餐馆的街道。因为这里处于连接老城与新城的重要位置，上层的车流量很大。但令人惊讶的是，上层步道上有大量的人在垂钓。大家挤在并不宽敞的地方，队伍中居然还有人在售卖钓具。钓鱼的人基本都是男性，凑近看他们脚边的小桶，也钓了不少鲈鱼、沙丁鱼、竹荚鱼等。桥本身也被充分利用：鱼竿被用夹子固定住，以避免长时间手持鱼竿；桥的栏杆被当成砧板，用来在上面切鱼或把物品挂在上面。基本上24小时都有人在钓鱼，周六傍晚等时段更是聚集了约400人，彼此间隔约1米，排在桥的两侧钓鱼。这些人也吸引了一些商贩。茶贩喊着"茶、茶"，淡菜小贩喊着"淡菜、淡菜"，叫卖声活跃了这里的气氛。过桥之后就到达一座广场，背景里是远处的耶尼清真寺（Yeni Mosque）和埃及市场（Egyptian Bazaar），靠岸的料理船前排队买鲭鱼三明治的人络绎不绝。船的内部正好容纳一个厨房，人们从岸上直接伸手去接三明治。这种鲭鱼三明治本来应该是渔船在金角湾捕到鱼之后直接靠岸进行料理、售卖的，但因为大量船只的靠岸和售卖会使广场的岸边变得拥挤，近年来加入欧盟的土耳其以整治伊斯坦布尔市容为由取缔了这些售卖的船只，现在只有3个公司的船允许在这里活动。在亚欧交界处的金角湾这个丰富的渔场，桥、垂钓技术、吃鱼等饮食文化交织，催生了多种多样的行为。

4

共有性会议

中谷礼仁 塚本由晴

承认当前存在的事物，
探究它们出现的理由

利用千年村调研的方法
对灾害进行分析

中谷礼仁　请多多指教。在谈共有性之前，我想从身边的事开始说起。2011年9月我们开始了一项名为"千年村"（正式名称为"可持续环境与建筑物遗产区"）的活动，这也是东日本大震灾后的主要活动之一。

后来队伍扩大，除了我的研究室的成员，千叶大学的木下刚研究室以及京都工艺纤维大学的清水重敦研究室也加入了进来。这两个研究据点

一东一西，组成了建筑史、建筑设计、社会基础设施工学、造园学、民俗学、历史地理学、网页设计等多学科混合的研究队伍。

这个研究或者说运动的目的，简单来说是鼓励那些延续至今的、朴实而顽强的村落，并从中学习如何将其智慧延续至下一个千年。[15] 2012年，我们以千叶县的千年村为中心展开了全面调研，

15　千年村指的是有千年以上的历史，几度经历自然、社会的灾害和变故却仍留存下来，生产和生活始终持续的聚落及地区。千年村项目是一个以日本全国的千年村为对象进行收集、调研、公开、表彰、交流的平台。（摘自 http://mille-vill.org）

调查"千年村"时，一边查看村落随年份的变化，一边了解聚落现在的状况

（左）塚本由晴　（右）中谷礼仁

又对其中将要开辟新道路的岛野（古代名称为"嶋穴"）进行了详细调查及评估。我们的研究对象和调查区域，是那些延续了约千年的村落。调查的核心目的既是为了对那些在震灾中被破坏的村落进行灾后修复，同时也是为了学习借鉴那些因未遭到破坏而被忽视的村落。这一目的是防灾学的权威长谷见雄二先生提出的。

距今约100年前，今和次郎在日本进行了全国性调研，并集结成《日本的民居》[16]一书。从2006年开始，由我的研究室及一些志愿者组成的"沥青会"，花了5年时间重新访问和调查了那本书上记录的民居，即"《日本的民居》再访"项目[17]。"千年村"运动可以说继承了这个项目的经验，也有许多沥青会的成员参加。从以百年为单位的民居的现状评估，到这次的以千年为单位

的村落的评估，我们的关注点逐渐转向更长时间跨度下"环境、共同体、聚落"的存在方式。2007年夏天，作为《日本的民居》再访"项目的一环，我们去了伊豆大岛。当时还是民宿经营者、后来当上大岛町町长的川岛理史先生热情地接待了我们，并提供给我们许多伊豆大岛的

沥青会《重访今和次郎〈日本的民居〉》

16　该书原版题为『日本の民家』，1922 年由日本铃木书店首次出版。

17　该项目详细内容被编纂成书，原版题为『今和次郎「日本の民家」再訪』（平凡社、2012）。

历史调查报告和探访民居的必要资料，以及他个人的见解。之后，我在电视上偶然又看到了川岛先生。那是2013年10月16日清晨，受26号台风"韦帕"的影响，伊豆大岛元町地区山区发生了大规模的泥石流，造成了重大人员伤亡和财产损失，以及环境破坏。川岛先生为应对灾情及指挥部署忙得焦头烂额，而那次灾害的初期应对措施遭到了媒体的批评。

沥青会的菊地晓（时任京都大学民俗学助教）在重访民居之后与伊豆大岛继续保持着交流，经由他的介绍，我们在灾情稍微得以缓和的11月末再次去了那里，距我们现在的对谈刚过去一个月，我们也刚写完紧急调查报告。调查成果发表在我们的主页（http://mille-vill.org）上，可以免费浏览。

自2011年起我们就辗转调研了许多东日本大震灾的受灾地区，但这次伊豆大岛发生的是不同类型的灾害。与海啸不同，地面滑动造成的泥石流把房屋、基础、泥土、树根都冲走，露出了由火山渣这种火山喷出物形成的地层和熔岩地貌。我们实地探访了这类受灾地区。

如果看一下当时拍的元町神达地区的照片，可能

在遭遇泥石流的元町神达地区，来自当地"千年村"组织的菊地晓茫然地望着神社的遗迹

就会明白是怎么回事了。神社上方有座小山，从山上冲下的含有大量水分的泥石流在神社附近分成两条路，因此分叉点处的树木与神社才得以保留下来。然而泥石流对旁边的民居造成了巨大的破坏。受灾最严重的元町神达地区的上游，主要是20世纪80年代开发的住宅地，我们也采访了那里的人们。伊豆大岛的自然灾害一般包括强风及其引发的火灾，其次是海啸等，而这次泥石流灾害是许多人始料未及的。

这次受泥石流侵袭的元町地区的下游，曾在1965年大火后形成了新建市镇与旧聚落并存的格局。旧聚落的石墙形成了台地式的挡土墙，保护了住宅，也对泥石流起到缓冲作用。新市镇因为采用了混凝土结构而能抵挡泥石流的冲击，因此下游的灾情不太严重。但那些没有基础的混凝土砌体墙都被冲垮了。从中我们得出一个结论，有基础的混凝土、石墙就像一个闸门，既能阻挡从上方过来的泥石流中的砂石，又能让水从下方流走，从而削弱泥石流的流势，减轻下方地区的受灾程度。

同时，这里的防砂坝下方设有混凝土堤坝围成的泄洪池，一定量的泥石流到达这里后直接流

在伊豆大岛元町的旧聚落的民居里，人们用石墙砌成台地式的挡土墙

向了海岸边。但仅靠这些还远远不够，溢出的部分聚积在漂流的树木形成的"堤坝"中，给人们的居住地造成更大范围的灾害。为车行设计的道路对泥石流来说是再好不过的"河道"。可以说这次的灾害是新旧环境与构造物等因素复杂交织的结果，所以不能只从一个方面来理解，重要的是通过分析环境、聚落结构、共同体存在方式，来获得阈值或灵活边界。

从元町的遗迹挖掘状况及村落的持续性来看，这里可以算作是千年村了。但耐人寻味的是，这个聚落受到类似的灾害影响，曾经几度发生移

动及结构上的改变，未来是否还能延续，则需要找到新的评价标准来讨论。

塚本由晴　像这种背靠峭壁、前面就是大海的地形，我们在伊豆住宅（Izu House, 2004）这个项目中也曾碰到。那是在可以眺望骏河湾的断崖绝壁上，因地制宜利用种橘子的梯田建造的住宅。由农民手工砌筑的石墙强度并不高，因此我们在这个建筑中将其换成了两段挡土墙，并在中间架起了钢结构的跳板状的基座，在这之上再建造木结构的住宅。不过即使这样，泥石

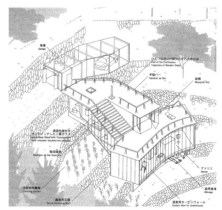

犬吠工作室设计的伊豆住宅（2004）
图片来源：《来自后泡沫城市的犬吠工作室》
（*Bow-Wow from Post Bubble City*、LIXIL 出版、2006）

流灾害发生时恐怕也难以幸免。如果是这样，今后你们会向大岛町提出怎样的方案呢？

中谷　目前大方向还没有公开。与一般受海啸影响的地区不同的是，这里不存在向高地转移这样的选项。这个岛没有一处绝对安全的地方。这次的泥石流以泄洪池为中心造成了巨大灾害，而岛中心有一座活火山三原山，岛本身也是由熔岩、火山渣和火山灰等堆积形成的，此外还有海啸的危险。因此只能针对我们现在的落脚之处思考对策。再建永久住宅的时候，不仅需要恰当地评估场地，还需要从整个聚落的角度来考虑建筑低层部分的结构，包括适当利用石墙等。这是一种对石墙、建筑结构、聚落整体结构都有利的设计。

塚本　东日本大震灾受灾地区当中，我曾去过三陆地区。我的感受是高地转移会花费很多时间。原本平地就不多，完整的学校等公共用地被临时住宅占据之后，几乎没有土地可供建造永久住宅。随后自治体开始向民间收购土地，从土地所有者的角度来看，因地价迟迟定不下来，交涉也难以推进；也有人不想放弃祖辈留下的地；有一些共同所有的地，因联系不上某几个所有者而无法采取行动。各种复杂的原因使得

决定用地需要花费很长时间。临时建设如果想借用民间的土地，则需签订规定年数的契约。比起出售祖辈留下的地，出借更容易被接受。但行政部门几乎没有专门负责用地买卖的官员，因此无法应对这次这种紧急的土地问题。这种有设计师和工程师却没有土地的艰难处境，持续了一年半时间。

在了解了三陆的情况之后再来反思城市。在人才流动和土地买卖都十分兴盛的城市中，人们都是潜在的负债无产者，因此城市规划可以建立在短期观测的基础上。但在三陆半岛，人们持有的土地分散在各处——渔业的港口、农业的田地、林业的山林等，借由与各种生计相对应的不同时间尺度衔接起来，人们也可以根据季节及年份来选择要进行哪项劳作。这些土地是祖辈传下来的身份印记。土地是时节变换、相互间的联系、谱系延续的核心，放弃土地就好像是切断了这些关系。

中谷　正是这样。此外，也必须尊重渔师町特有的自立意识。不论是在大岛町还是在渔师町，我们都曾为这种自立意识所震惊。我想三陆地区应该也是这样。神达地区幸存下来的水道维修店的人告诉我们，当时町内什么也没说就先给了每家每户10万日元。靠着这一点和各种

网络关系，灾后的初期应对措施才得以顺利有效地推行。他们也希望这件事能够让更多的人知道。

产业化
与成本至上主义的弊端

中谷　说到"共有性"，我觉得2013年年末的日本中央政治有许多明显是向着反方向推进的。例如12月8日闭会的第185次国会中，执政党的决议方式不但没有回归民主主义，反而任由具破坏性的多数主义和决断主义横行，使我觉得自己在国家中失去了归属感。民主主义的宗旨不应该是作为主权者的国民将解决现实问题的共识托付给国家体系吗？小学开始我们就被教育要达成共识、遵守规则，强行表决是与此完全相悖的。

塚本　我也觉得很吃惊。必须把民主主义的能力发挥在减少数量差距上，把目光投向少数人群。

中谷　近年来一直有人主张通过网络直接参与政治活动，那没有网络的人该怎么办？高龄者、贫困者将被划为少数派这个需要被保护的特别阶层。这也反映出如果缺乏基础设施这块基石，

民主主义便无法顺利推进。它们放大了因网络和基础设施而被遗落的人无法参与政治的这一缺陷。当然使网络和基础设施完全覆盖也是不可能的。之所以有人会认为网络政治可行，那是因为它割裂与舍弃了一些差异，使共同性在虚拟空间中显现出来。所以说民主主义中的共同性与割裂是同时出现的。

塚本　在推进网络直接选举的讨论中，有一种理由是"现行选举制度无法削减成本"。割裂的思想与高效率这种假设性的共识捆绑在一起。这就好像是站在系统管理员的立场上讨论民主主义，不是很奇怪吗？

中谷　这的确很奇怪。现在，对于试图提高讨论效率的设计主义的迷信，以及对深思熟虑的忽视在同时发展。"关于那个问题是否应该再考虑一下……"说这种话的时候一旦超过时间限制，重视性价比的集体就会将你从视野中排除，你也渐渐地被排除在那根分界线之外。

塚本　置身于产业、政治、网络，甚至是金融领域中的人，为了维持整个系统，不得不接受系统的强化、更新，日复一日地构筑着权力的结构。以建筑为例，在战后的25年间，人们因为住宅

石川县金泽市东茶屋街上鳞次栉比的町家

匮乏而不断地建造房屋。之后随着工业化的推进，大约1985年《广场协议》[18]签订后开始有了"住宅产业"这个说法，后来逐渐变成了为维持产业的体系而建造房屋。以体系为前提的后果是，建造房屋变成了与挑选商品无异的选择行为。与之相对，在排列着町家的那些杰出的街道上居住着的人们，至今仍共同享有建造方法和规

则，人们会说"我们的街道上是这么造房子的"。如果别处来的人的所作所为有所破格，一定会被怒目而视地警告："连这种事你都不知道吗？"大家熟知与造房有关的智慧，能够制造出细微的差异，并感受到其中的丰富，这也是一种共有性。可是在战后的日本，建造房屋这件事被从文化领域分离，转向了产业领域，其结果是虽然造就了满足法规要求的"安心、安全"的家，但也产生了大量不懂如何造房子的人。借着这股风气，建筑师们开始设计一些异形的住宅，而建造的技术则掌握在专家手中，并受到制度的保护，因而建筑的智慧与共有性就成为了遥不可及的事物。

中谷 更直接点说，为了维持建筑的相关产业而出现了建筑学科，建筑的相关产业又维持了生产大量毕业生的建筑学科。即使到了现在，经济高速增长时代的大学模式还在惯性般地变化着。我身为综合性大学的一名教师，目标是让学生自己扩展建筑学的应用范围。建筑学应该是多面的学科，之所以没有应用建筑学这个领域，是因为可能性实在太多了。是否把建筑界当成这些应用技术的集合，是否要具备官僚建筑师的形象，这在很大程度上关系到每个人毕业之后的发展。

18　译者注：1985年9月22日美国、日本、联邦德国、法国以及英国达成《广场协议》(Plaza Accord)，五国政府联合干预外汇市场，诱导美元对主要货币的汇率有秩序地贬值，以解决美国巨额贸易赤字问题。协议签订后，日元大幅升值，日本国内经济泡沫急剧扩大，最终房地产泡沫破灭，日本经济长期停滞。

由共同体
实现集体的构筑意愿

中谷 如果从设计者与建筑师的差别来考虑，设计者是按照建筑规范的要求画图的人，是责任者，且有行使职能的权利。不过，其实在法律上没有建筑师这个职业名称。建筑师是综合考虑建筑设计要如何推进的感知主体，并希望自己的设想能够获得社会的认同。

如果要举例说明，藤村纪念堂（1947）马笼的建造者们就是很好的例子，不过我想先举一个自己身边的例子。

我家附近有一个一叶纪念馆，是为了向后世展现樋口一叶的功绩而建的。东京台东区龙泉寺町（现在叫"龙泉"），也就是《青梅竹马》的故事的舞台，战败后不久那里的人们组成了"一叶协赞会"，合力出资购买了土地，在台东区发起了重建一叶纪念馆的运动。工程始于1949年对原"一叶纪念碑"的重建，直到1961年建成并对外开放。这个组织的人夺取了建筑师的权利，干起了建筑师的本职工作，没有他们也不会有这个建筑。也就是说，建筑师比技术、制度、设计先行，是实现"想这样"或"应该这样"等构筑意愿的人，同时他们又能够控制建筑。这样的人被视为领袖，并受到尊敬。设计者靠掌握专门的技术

来维持生计，而建筑师的本质则是全面的。事实上建筑师需要具有很强的能力，才能在专精与全面之间获得良好的平衡。

塚本 原来如此。项目能否靠自己实现也是一个与之相关的问题。灾后重建也有这样的机会，虽然仅限于某些部分。如核心住宅[19]"板仓之家"（2013）这个住宅项目有两个重点，通过在独立再建住宅的过程中，加入先小规模建造之后再扩建这个选项，吸引了大量的人重返村庄，同时活用山里大量杉树资源也促成了景观的良性循环。我和贝岛发起的这个项目，也是ArchiAid[20]活动的一部分。通过多方的协力，我们在牡鹿半岛的桃浦建起了一栋样板房。此外，我的研究室也开始对牡鹿半岛受灾聚落中残存的神社进行测绘和修复工作。灾后因为避难所、食物分配等问题，聚落间也发生过一些争执，但涉及神社的问题就比较容易将人团结起来，也会把有大学来测绘的消息分享给其他处境类似的聚落。与临时住宅、防灾集体转移、住宅独立再建这些时间跨度短的工程相比，那里的神社已经有250

19　译者注：核心住宅（Core house）是围绕核心建造的满足最低限度居住需求的住宅，集合了临时住宅与复兴住宅两种功能，可由居住者逐渐加建。

20　译者注：ArchiAid 为"3·11 东日本大震灾"后由建筑师组成的复兴支援组织。

年的历史了。如此长的时间尺度，甚至能让生活在今天的人们之间的关系也发生改变，不禁让人赞叹。即便考虑了共有性，在较长的时间跨度下思考也很重要。不仅仅是神社的重建，日常的生活中也必须如此。

中谷 发生东日本大震灾那种特殊的大事件时，不得不依靠社会政治体系。但普遍来看，要说村落共同体与民族国家哪个更古老，应该是村落共同体。例如战败后，在议会制民主主义起步阶段，共同体内部选出了头脑灵活、能说会道的代表去参加议会。这个人只是有能力应对临时的国家政体，而非这个共同体本质上的"代表"。我们开始和村子里的人深入交谈后也发现，每次见的人都不同（笑）。不知道为什么，似乎可以明白那种感觉（笑）。在"千年村"这种稳定的共同体的内部，这种功能可能会一直延续下去。这并非要在观念上忽视临时的政体，但迎合它的同时又要维持与现行体制截然不同的体系的稳定，是一个极其深奥的问题。而我们也正是想要对这一点进行评估。例如伊豆大岛在1946年战败后也曾有过制定独立宪法《大岛

核心住宅"板仓之家"

大誓言》的运动。当时伊豆大岛诸岛正处于不确定是否要受美国统治的关键时期，但村子做出了迅速的行动，很好地展现了自身的形象。

塚本 村子建成的这250年来，神社共遭受过3次海啸，现在是第4次。这是很典型的"千年村"的感觉。虽然面对灾害总体处于弱势，但用最近的话来说还是具有很强的恢复力（resilient）。牡鹿半岛的聚落也流传着狮子舞这个传统艺术，被海啸冲走的狮头被重新供奉在神社的时候，有60多人赶来，这个数字是当地临时住宅居住者的数倍，人们纷纷从仙台、石卷、釜石等地赶回来共同庆祝。市政府召开的防灾集体转移动员会可能都不会有这么多人参加（笑）。

中谷 的确在各处都能看到残存下来的神社景观。

塚本 神社是有形的，但实际却联系着许多无形的文化。有形的存在使得无形的事物可以无限地重生。换言之，正因为是无形，才使得再生产变得尤为重要。就像是行为，在不断反复中走向纯熟与洗练。因为行为是人们共有的，所以人们会把它当成自己的事而聚集起来。例如每年一次的狮子舞，在敲响太鼓、吹起笛子、舞起狮子的过程中，行为就得以反复生产。过去以神社为起点走遍每家每户门前的狮子舞，在震灾前的几年里由于人口减少，只在神社和集会所举行。这次街道也没有了，就只在神社举行。这样一想，会发现狮子舞的空间具有不可思议的伸缩性，最大可以扩展到整个聚落，最小可以只在一个神社进行。无形的事物能与人的行为连接起来，蕴藏在人体内的行为的共有性在灾害发生时能发挥多大的作用，是我们有目共睹的。

中谷 如果再深入地说一下神社，在迹见学园女子大学的神社建筑史研究者丸山茂的《神社建筑史论——古代王权与祭祀》[21]一书中有这样的记载：神社原本是一种源于泛灵论的土地信仰，到了奈良、平安时期才开始作为"建筑"出现。虽然神社已不同于土地信仰及泛灵论，但用今天的话来说，我们发现神社中的某种事物创造了共同体的相互关联，激发出了共有性。这种事物先于"建筑"而存在，是建筑的源头。要说具有共同性的场所性特征，其实就是现在被称为神社的那种空间所具有的特性吧。

1000年的尺度所具有的含义

中谷 回到神社与"千年村"的类型性这个话题。包含神名帐的《延喜式》[22]诞生在公元10世纪左右的平安中期，距我们生活的现在已超过1000年的时间。这个尺度对人类来说十分易于理解和使用。在调查千年村的时候，也曾被问及为什么要叫千年村，而当我们反问对方时，得到的答案多是"容易理解"。的确，如果是"万年

村"的话，与人们的营生之间的具体关系就会稀薄许多，而"百年村"则会变成新市镇的调研了（笑）。以千年为单位，只需往前翻两章就能回到基督教诞生时期，往前翻三四章就能回到古希腊时代，回到人类最古老的巨石文明（如马耳他文明）也只需翻五六章。因此千年是一个很好的尺度。

塚本 同时也能感到乌托邦式的回应。

中谷 您说的是中世纪欧洲的"千年王国"运动吧。那个运动的目的是摆脱基督教的腐败、疾病的蔓延、新兴城市下层社会的穷苦等各种困境，从中得到解放。当时的社会也认为世界需要每1000年被拯救一次。

塚本 有必要根据研究对象决定时间的尺度。1000年这个框架十分适合用来考察维系村落或共同体的体系，因为"共有性"不仅包含了与在世的人，也包括了与逝去的人们的共有。这么想来，"于此时此地相连"的社交网络服务所强调的"此时此地"也只不过是排除了过去的一种偏见，它们在"此时此地"中是很难流露出共有性的。

---

21 该书尚未有中文版，日文原版版题为『神社建築史論─古代王権と祭祀』（中央公論美術出版、2001）。

22 译者注：《延喜式》是日本平安时代中期的法律实施细则，神名帐位于第9、10卷，是朝廷制定的神社等级表。

中谷　我也这么认为。一个人身上应该同时存在关于过去的千年与未来的千年的感受，而非只有"此时此地"。每次举行千年村的发布会时，都会被问"下个1000年要如何面对"这样的问题，其实我们也想知道（笑）。大家都抱着同样的关注。围绕1000年的共有感受是十分强烈的，所以也希望能尽快成立国际化的"千年村调研"组织。威尼斯双年展恐怕就是威尼斯这个"千年村"凭借自己的历史留存来举办的庆典。国民与国家一直在忽视各个村子的历史留存，到如今他们却已经再也无法回避。千年村走向国际化的时机正在成熟。

"生活的活力"与"建筑的活力"

塚本　您在《复数性+——事物连锁与城市、建筑、人类》[23]一书的最后一章《先行形态论》中，研究了先于我们存在的自然、城市、建筑的各个尺度上的形态要素，其具有的巨大的力量能左右我们的生活。古代条里制[24]的"坪"这种网格在现在的城市里得到了转化与保留，这种转化并非出于保护计划，而是因未超越人们的

认识而残留了下来。好像是在用力地把超越人类时间尺度与认识能力的文脉重新拉回到身旁一般，这种文脉也是千年村的条件之一吧。

中谷　正是如此。"千年村调查"也继承了"先行形态论"。判定"千年村"的条件有3个：环境、聚落结构、共同体。"环境"与"共同体"的集合使"聚落结构"得以成立。要具备什么才称得上千年村呢？虽然运动团体内部也在讨论这个问题，但至少可以明确的是：要判定一个"千年村"，这3个要素缺一不可。为了改变，必须要拥有不可改变的部分，否则就无法被认定为是延续的。

中谷礼仁的《复数性+——事物连锁与城市、建筑、人类》

23　该书尚未有中文版，原版题为『セヴェラルネス+一事物連鎖と都市・建築・人間』（鹿島出版会，2011）。

24　译者注：条里制是日本古代的土地区划制度。

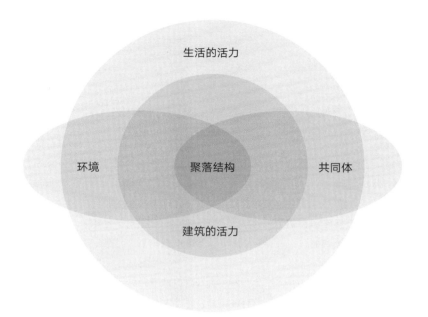

生活的活力

环境　　　聚落结构　　　共同体

建筑的活力

塚本　节庆活动也能被归入"共同体"吗？

中谷　无形的事物很容易被归入"共同体"，借此话题我们来讨论一下对于建筑与环境等的评价吧。我们调查关注的是那些留存至今的村子，而其留存的方式也不尽相同，有些已经是断壁残垣，有些则保持良好。村子的留存方式与其生产或交通等基础设施有很大的关系，有些村子在发展基础设施的同时能够延续原有的特性。如果这些村子有着明确的历史及方法，就能被认定为"优良千年村"。如此就能提炼出其维持千年村的立体结构，也能指出哪些是下个千年中必须保留的事物，并共有这些认知。

塚本　这的确是很实际的方法论。建筑的产业化使得构成"聚落结构"的生产基础设施转弱，也

夺走了"环境"（自然）与"共同体"（社会）间紧密相连的感觉。"聚落结构"的衰落其实是"环境"（自然）与"共同体"（社会）在互相让步的过程中，一直以来维持的关系逐渐消失的表现。

中谷　正是如此。现代技术宣称，即使环境与共同体没有关联也能生存下去。其实这是一个很严重的问题。

塚本　环境、聚落结构、共同体是一个整体，现代技术一心想着征服环境，却破坏了相互关联的这三者所构成的整体性。
我们不用"共同体"（community）而用"共有性"（commonality）这个词也是出于这个缘故。建筑设计无法直接触及"共同体"。在 20 世纪60 年代曾有过为了重构共同体而进行的建筑设

计，然而随着规划理论的推进，建设产业却在无形中逐渐切断了环境与共同体之间的纽带。对这一事实的忽视，是需要深刻反省的。而在重新认识环境、聚落结构及共同体之间的整体性时，共有性是必不可少的概念框架。

中谷　的确如此。"共有性"这个词更能深刻而明确地描述问题的本质。在"《日本的民居》再访"的项目中我就意识到了环境、聚落结构及共同体构成的整体性，但在2013年年初以个人身份在印度的北阿坎德邦州进行的聚落调研中，我又发现了新的概念——"生活的活力"（Livelihood）与"建筑的活力"（Buildinghood）。"生活的活力"即人们的生活方式以及谋生的方式，或是以此为目标的生产关联。它不像生产关系或生产模式这种夸大的用词，而是在社会学领域中使用的更加具体的调研用词。我们在美国的大学进行工作坊时，学生们都住在一起，领队的老师接连说了几次这个词，我才第一次知道。"生活的活力"是将环境、聚落结构及共同体联系起来的纽带。北阿坎德邦州位于山丘地带，四处的山脉都是由岩盘整齐地层叠而成的。当地人将岩石剥下，竖立起来，用来建造房屋。而且岩石竖起后会露出能种果树的地面。这样一来，家建成了，周围的果园或田地也整备好了。

在这个居住环境中，剥下的岩石，以及因此裸露而能成为果园的地面，组合成最小限度的"Buildinghood"。因为想表达出在"Livelihood"中有配合得天衣无缝的"建筑的活力"存在，于是就想出了这个词。"生活的活力"与"建筑的活力"的关系的有效性，支撑了作为子集的建造房屋这一行为的有效性。到这里我们应该就能看清先前所批判的"现代技术"的真面目。新开辟的道路带来了卡车，卡车运载着水泥，于是路边的"建筑的活力"开始遭到破坏。而在道路不通的深山老林里依然保持着过去的"建筑的活力"。

但今后需要解决的具体问题并非要将现代技术与道路当作敌人。"生活的活力"与"建筑的活力"必然是有关联的，既然有了新的"建筑的活力"，何不也去寻找一下新的"生活的活力"呢？它们之间的关联才是值得评价的，并且是判断好坏的依据。如果对其关联进行批判的话，对于包含了新出现要素的整体，应该就能很好地辨识出那根维持整体性的纽带。在某种意义上，这应该称得上是具有批判性的共有性（critical commonality）。

塚本　"千年村"就是由这些普通的实践所组成的吧。

中谷 不动身的话是不会有发现的。特别是在灾害发生后一直持续的危机状态中，更能看出它们之间强烈的联系。我们抱着这种想法去了伊豆大岛，果然从石墙与住宅的关系中获得了启发。先前提到的开辟道路的方式，也应该有兼顾传统与现代的解答。

承认当前存在的事物，
探究它们出现的理由

塚本 在讨论建筑的共有性的时候，还必须提到另一个概念——谱系。谱系与样式不同，并不一定要表现出某一时代的特点，它不受这种时间上的约束。例如在町家的谱系中，可以同时存在新艺术运动样式以及现代主义样式。如果说样式这个概念是为了确定时代而制定的基准的

印度北阿坎德邦州离阿尔莫拉（Almora）不远的聚落的梯田。
人们将岩石堆叠起来，空出的地面形成了果园

话，那么也有与之无关并且能够永久留存的事物。日本的建筑总是以时代精神以及样式作为核心来考虑问题，学校的教育也是这样。但如果从谱系的角度去切入历史的话，或许能够更加容易地来讨论共有性。

中谷　我们这一代的教育强调的是"时代精神在超越样式，迈向下一个样式"。但一个样式的存在并不会抹杀其他的样式。样式的存在使得谱系得以被再现。对我们来说，建筑样式甚至可以成为被选择的对象。中世纪哥特教堂的工匠因沉迷于哥特而无法客观地看待它，所以也只是为了使其成为城市地标才去建造那些高耸的建筑，除此之外并没有获得更大的成就。但是菲利波·伯鲁乃列斯基（Filippo Brunelleschi）等文艺复兴时期的建筑师对于高度的追求却逐渐淡去，反而开始有意识地效仿古希腊、古罗马时代的风格。通过不同层面上对形式法则（discipline）的再现，来建造与再生（文艺复兴样式的）建筑。这种再现性、可选择性其实就是样式。因此文艺复兴之后的历史就是可选择对象的集合，严谨地说已经不是单纯而朴素的历史了。在此之前的历史可以看作是自然史一样的发展史，但从文艺复兴开始，我们就已经超越了历史，取而代之的登场的是可再现和可保存的

样式，也可称之为"型"或者是"形式"。

塚本　我所考虑的"谱系"这个词也是从文艺复兴开始的。比如可以说某个建筑属于万神庙谱系或斗兽场谱系。但称其为样式的话，感觉就成了单纯的建筑设计问题了。"谱系"这个词，包含了能产生建筑的生产基础设施、事物间的相互联系、使用方式、功能以及空间实践等诸多问题，因此可以与"样式"区别开来使用。

中谷　从历史角度来想问题，基本上是以超越历史、超越时间的方式来进行的。文艺复兴时期人们的实践正是如此。即使时间是不可逆的，我们仍可以追溯历史并进行可逆的思考。由此，历史将再一次作为活着的事物出现在我们的眼前，而建筑样式则作为游离在不可逆时间之外的事物开始获得存在。我们所要面对的是这种不知生死的，或正因为死去了才又重生的历史、建筑以及样式。倘若不在这样的认知之下，就无法获得历史意识。

以前住在大阪仁德天皇陵边上的经历给了我更加直接而具体的体会。深夜从学校回家时必须走一条漆黑的街道，距离中间的便利店虽然只有直线200米左右，但是每天晚上实际要走上1千米（笑）。有时我也在想为什么自己要走这么

久，一直以来我都以为这个障碍物是一片漆黑的森林，有一天忽然发现原来是一个古墓。日本史的教科书中也有这个仁德天皇陵的俯瞰照片，边上的注释写的是日本最大的古墓。这样的仁德天皇陵与现在出现在我回家路上的作为障碍物的仁德天皇陵相重合，由此让我产生了这种古墓还"活着"的认知。从那以后我就开始思考"历史工学"这门学科。这与塚本先生说的作为活历史的谱系的思考方式很接近。并不是将产生于从前的事物作为过去、使其游离在当前之外，而是将古老但现在仍然存在的事物，与产生于现在的事物看作工学上等价的物体来对待。站在这样的立场之上，就能超越那些随机产生的事物在时间上的差异。在海啸、泥石流中得以幸存的大量神社，不就是历史在我们眼前的呈现吗？

塚本 的确如此。谱系追溯不可逆的时间，从确认历史的工作中逃脱出来，使无形的事物得以"反复"。它不同于不可逆的线性时间概念，而是能够自由穿梭于过去与现在的时间概念。谱系带来的再生产并非只涉及建筑的样式，也试图包含无形的生活以及行为。

中谷 但是在另一个方面，编年史性质的历史确认工作也是很重要的。我们最初的工作就是

这个。如果事情发生的顺序改变，其因果关系也会改变，因此必须小心谨慎地进行研究。或者不如说，对顺序所带来的意义保持足够的敏感才是更为重要的事情。比起确定这是何年造的，"因此会怎样呢"这种反思是更加重要的。"咦，原来是新的东西。因此会怎样呢？"试着像这样探究才更加重要。现在包括进步的历史观也好，认为新东西就一定好的还是大有人在。但是如果反过来，将有1000年历史的东西与有100年历史的东西做比较，评价又可能会发生逆转。也就是说，评价的方法取决于个人的主观定位。

塚本 这正是我一直以来追求的认知。因为建筑是工学中最古老的技术之一，也拥有复杂的价值体系，与1000年前的相比最新的未必更好。

中谷 的确如此。历史学的前提是承认当前存在的事物，然后思考其存在的理由。如果得出结论的话就必须对其负责，甚至主张拆除也无妨。例如，1996年金泳三决定拆除旧朝鲜总督府。虽然那是个好建筑，但我觉得它早晚会被拆除，因为它有意识地挡在了景福宫前面。我们完全可以用这样的眼光去看待它。其实在建造的时候，这栋居心不良、想遮掩过去的政府大楼就已经处在解体的危机中了。

（上）仁德天皇陵周围的商业区
（下）仁德天皇陵附近变成钓鱼池的小古坟

塚本　最近我去听了建筑学会的民居研究报告，感觉进展缓慢，结论浅薄啊（笑）。其实本来就很难知道这些民居是何时由何人建造的（笑）。报告尽是"我认为它是何时造的"这类的揣测，分析手段也都局限于"看外观"之类的方式（笑）。然而在民居研究中，更加切实的应该是尽快让人们爱上那里、将人生赌在那里，为了维系环境、聚落结构及共同体之间的纽带，首先要做的是培养出能写研究报告的人。

中谷　的确如此（笑）。研究寺庙神社等是为了建立对国家历史的自豪感，所以建筑学方面也会有严格的评价标准。而民居村落的研究则基本与之无关。所以本质上还是要摒弃"这是什么时候建造的"这类评判优劣的标准（笑）。不过，越是古老的东西，就越是珍贵，也更值得保留。现存最古老的日本民居是室町时代的。我希望从这些珍贵的少数遗构开始，面对各式各样谱系的民居和聚落，从中发现并认定只属于那里的"生活的活力-建筑的活力"。

塚本　那如何感知城市中的整体性呢，或者说有没有可能重构整体性？之前您也说到建筑的产业化使得这种整体性被瓦解。但即使面对各种危机，只要不是在城市中，仍然有建筑能够在与饮食、生产、风景、地形等各种事物的关系中找到适宜的定位，在那里我们确实能感到整体性。但是在环境、聚落结构及共同体的纽带结构和整体性已几乎无处可寻的城市中，我们应该如何是好？

中谷　我也是这么想的。但东京还隐约残留着一些这种感觉。我的老家在东京东部下町的台东区。日落时分如处这里宛在大海之中，而且说不定什么时候真的会被淹（笑）。城市中的居民就是在大海中漂泊的人。这片低洼的土地被当成是经济用地，从来没有环境与共同体存在，但也可以在这里生存下去。如果我们明白了自己是漂泊者，就能形成相应的共同体，就像东南亚的巴瑶族那样。
而在地势稍高的东京西部，其微地形对"生活的活力"有着轻微的影响，这从街道的走向、环境与共同体的区划上很容易就能看出来。例如，五日市长期受到这种轻微的地形影响，于是开始私拟宪法，搞市民运动。这种感觉还是能够共有的。

塚本　东京可以从更加细微的历史角度来分析吧。我所居住的须贺町也好，边上的荒木町也好，都能感受到江户时代和明治时代的城市设计遗留下来的印记，并通过谱系学的途径找到衔接。如今，建筑专家们深入受灾地区及人口稀少的地区，去努力提高那里的聚落与共同体的可持续性。他们被尚存于那里的整体性所打动，因而不辞辛劳地奔赴各地，希望能铭记在那里的所知所学，并由此对城市中的种种矛盾进行反思，在回到城市后能带着同样的心态来工作。

5

共有性读书会
点亮"共有性"的33本书

东京工业大学塚本由晴研究室

佐佐木启 能作文德

围绕着"共有性"的言论

围绕着"共有性"的问题系列

在这一章，我们将从那些试图对 20 世纪建筑与公共空间（public space）的实践进行批判的建筑理论、城市理论以及公共空间理论入手，整理出使"共有性"宽泛化的具有启发性的言论。这里所选取的，不乏那些已经为人广泛阅读与评议的试图超越现代性的著作。不过，一旦从"共有性"的视角来重读这些书，就会发现其实可以从中提取出一些批判现代社会问题或展望未来的重要思考。在这一章中，我们通过搜集和比较这些思考来进行理解性的工作，试图发掘出在反复批判现代性的过程中所浮现出的一些问题。我们把目标集中在以现代性的革新为前提的言论当中，通过重读它们来将其置于新发现领域的层面上，捕捉共有性的发展轨迹，试图将以往的批判精神与 21 世纪的建筑及公共空间的设计实践衔接起来。

在这一章的后半部分，基于上述想法，我们对东京工业大学塚本由晴研究室的读书讨论中涉及的 33 段言论给予了整理。每段言论都由引文与解说两部分构成，以此来尽量完整地表述出这一言论所指向的内容，以及作者的意图。

以下，我们会从共有性的层面，重新理解那些以超越现代性为出发点的言论，并将浮现出来的

一系列问题梳理成"共同体与物质的环境""建筑的实践""公共空间的实践"这 3 项，对围绕着"共有性"的言论进行定位。在这几项问题当中，"共有性"是如何成为焦点的？如果能从先辈的言论中收获一些启示，或许就能在看待 21 世纪的建筑及公共空间的设计实践时，对其中的核心内容进行更好的把握吧。

共同性与物质环境——人与物的生态系统

在与"共有性"（commonality）类似的言论中，有一个是"共同体"（community）。根据《广辞苑》的解释，"共同体"指"以地缘、血缘或思想的相互联系为依存基础的人们在一起共同生活的方式"，并且"伴随着基于相同根源的彼此扶持和牵制"。近代社会以前的人们，既没有理由也没有手段像现代人那样，频繁地离开原住所而四处移动。从他们的家族、聚落、宗教等维系中诞生的相互之间的关系，成为其生活中规矩的基础。正如威廉·莫里斯（William Morris）和卡米洛·西特（Camillo Sitte）所感怀的那样，这种以彼此关系为基础的规矩，并不是抽象而无法触摸的事物，而是以手工业工匠的合作、维系平常生活的日用品，或者中世纪城市中优美的广场这般具体的形象被编织在现实世界

之中的。产业革命之后的工业化使城市人口增长、阶级形成，并把人与基于相互关系的规矩分离开。随着好几次抵抗的无疾而终，现代化得以继续推进，以CIAM确立的将"功能性城市"作为理念的《雅典宪章》（1933）作为最终目标，以教条化的城市规划及经济原理为准则而急速推进城市开发，使那些编织在现实世界之中的共同性失去了落脚之所。如何抵抗这种趋势？如何恢复共同性？这些问题被反复思考至今。于是，在思考这一问题中物质环境的贡献时，共同体与共有性的区别就可以作为一条线索。

20世纪50年代，作为CIAM的翻版而登场的TeamX的策略是，要通过建立与人的相互关系相适应的"场"来恢复共同性。史密森夫妇（Alison and Peter Smithson）则试图用"连带性"这一言论来指向那些同住宅、街区等城市环境的尺度相对应的人类关系。他们将连带性还原到一个名为"形态式样"（pattern）的图解中，并以这种复合的形式来理解共同体。这不仅是在反省现代城市规划在建造物质环境时对于共同性问题的忽视，另一方面也借此提出了"修正物质环境的建造方式就可以恢复共同性"这一论断。不过，由于他们所建立的这种假说并不是从内部确立起共同性，而是将建筑空间还原之后，从外部对人与建筑的关联进行匹配，因此

未必能够形成共同体这一事物。相反，神代雄一郎将日本渔村聚落内在的人们之间的相互关系看作是通过祭祀或生产而生成的秩序，由此推算出与"200户，1000人"这样与共同体相适宜的规模，并试图从这一共同体内部去发现共同性。对比这两种方式可以判断出，共同性可以产生物质环境，反之却不行，也就是说两者只能进行单向的转化。这个问题即便是在当代的城市中也被反复提出。最近大热的"共同体设计"（community design），就是强调要在素不相识的人们之间构筑起新的关系，以代替地缘或血缘的关系。于是，在一个人与人集结在一起却互相不认识的城市中，我们是否有可能创造出满足共同体生活的物质环境呢？对于这个问题，简·雅各布斯（Jane Jacobs）、伯纳德·鲁道夫斯基（Bernard Rudofsky）、芦原义信的说法都暗示了共同性与物质环境的双向关系。

雅各布斯指出，人口聚集或功能混合带来的地域经济，是城市中聚集在一起生活的陌生人得以互相支援的条件。在美国大城市有活力的街区中，沿街店铺的种类十分丰富，这样能增加人

们外出的机会，还可以帮助维持街区的治安，进而创造更多的商业活动，由此形成良性循环。如此看来，共同生活在城市中的人们即使彼此之间没有前现代的那种源于共同性的关联，也可以借助小型经济活动来彼此扶持。这其中不可忽视的一点是，使这种相互扶持得以成立的条件包括"老旧建筑的混杂"（租金便宜）、"短街区"（选择不同小路的机会增加）等，不可否认的是，物质环境在这里充当了重要的角色。这种人与物质环境以小型经济活动为媒介来产生互相关联的体系，雅各布斯将其称为"城市的生态系统"。与史密森夫妇的方法不同，雅各布斯并不是通过建筑的手法使共同体与物质环境之间直接形成呼应，而是在小型经济活动带动人们相互扶持的环境中，观察有助于此的建筑与城市形态，从而找到联系人们的共有性与物质环境的良性循环。

相比于雅各布斯描述的通过"小型经济活动"使人与物相互关联的体系，鲁道夫斯基则试图关注隐藏于人群内部的"习惯"。比如，尽管美国与意大利都有相同的步行空间，前者只有闲散的行人，而后者却是人群熙攘，这样的差异是源于各自习惯的不同，鲁道夫斯基的观点就建立在这种朴素的观察之上。根据他的说法，一个意大利人似乎更习惯于同一群人一起待在户外，而雨棚、喷水池、石板路等都是与这种习惯不可分割的物质环境，加之那些使习惯得以不断反复的历史条件，三者间的相互关联构成了整体。不仅如此，当人的习惯与物质环境相互依存时，日常生活的循环往复会使物质环境渐趋完美，如果假设在一段较长的时间中这些物质环境会被逐渐塑造成某种固定的型式，那就可以用类型学的方式来进行分析了。芦原义信在《街道的美学》中论述的町家与格子的重要性，也可以归为这一派。

总结一下就是，如果想借由物质环境来恢复共有性的话，当人群内部没有使彼此相互联系的基础（地缘、血缘、思想）时，单纯将共同体的结构抽象化、再从外部去匹配建筑空间的做法是不够的，只有从人们的生活中挖掘出包含了人与物相互关系的体系，物质环境才可能引导共有性（commonality）的生成，进而形成循环。

建筑的实践——与共有资源的对话

接下来我们看一下建筑实践与共有性的关系吧。20世纪，人们的目标是通过大量的物品生产与消费带动经济发展，对于物品与空间的生产效率是十分重视的。正因为如此，可替换的部件、这些部件相加后的整体，以及部件之间具有明确等级性的关系，这样的机械论的整体性，是在生产物品及空间的时候就设定好了的。

由此，批判这种强调生产者逻辑的建筑实践，并将建造的自由还给使用者的评论也随之出现，比如尤纳·弗莱德曼（Yona Friedman）的"空中城市"（Spatial City）与吕西安·克罗尔（Lucien Kroll）的"风景"（paysage），他们认为要让没有专业知识背景的人也能对建设有所影响。劳伦斯·哈普林（Lawrence Halprin）的"集体的创造性"（collective creativity）也称，要以工作坊的形式让更多人参与到设计与规划的过程中，从而发挥出人们各自的创造力，使最终的方案集合甚至能超越所有人的创意。这些都意味着不再根据建造者或生产体制的逻辑来建造，让更多人参与进来、为空间的创造提供更多资源将成为可以探索的新方向。

另一方面，对于充满了建造者逻辑的建筑实践，有些评论对此提出批判且试图改进，除了多人协作的方式外，还有人认为，建造者的逻辑中存在着无法随意更改的、事物自身所具有的自律性结构，而建筑实践的依据就来自那里。我们现在挨个看一下那些被作为对象的事物。

建筑是由物组合而成的。约翰·伍重（Jørn Oberg Utzon）的"建筑深层的事物"（The Innermost Being of Architecture），以及肯尼斯·弗兰姆普敦（Kenneth Frampton）的"后卫主义"（arriére-garde），都指向一个问题，即构成建筑的物具有作为物质的固有性质这一事实。在他们看来，建筑实践应该是将各个物以能够发挥出它们各自优势的方式组合起来，然后以反重力的方式让其得以稳定存在。与此同时，他们还主张将人们的生活与环境的各种条件在这个物质组合之中进行调和。由于物所具有的性质与设计者的理念或主张无关，而是早已存在于物自身之中，因此只要能够对其进行某种认知，任何人都可以将其作为建筑创作的源泉来运用。其目的在于，通过使物质与环境这些共有资源相互调和来产生整体性，同时也能够从中看到由共有性（此处作"共有资源"解）的系统化所产生的建筑实践。

能形成共有资源的不仅是物质。罗伯特·文丘里（Robert Venturi）将屋顶、窗等建筑的惯有要素视为共有资源。用来遮阳、排雨水的屋顶，以及连接室内外，并将光、风、景色带入室内的窗，都逐渐演化成固定的形态。文丘里试图为这些被现代主义所否定的惯有建筑要素平反，他认为正是凭借着它们之间的互相作用，建筑才形成了超越各部分之和的复杂总体。他认为，这些建筑部件形成的创造性总体，正是建筑实践应当追求的。

克里斯托弗·亚历山大将这种"整体性"的观点扩展到了城市。那些历史城市所怀有的情感，具有一种无论是谁都能通过人类共同的经验而感受到的特质。这种特质是基于渐进式的生长与不间断的修复而产生的，在构想具体的改进方案时，亚历山大则会把城市空间中的惯有建筑语言（门、广场、教堂、连片住区等）视为依据，这正是因为这种建筑语言与人们共同拥有的经验是互相关联的。克里斯蒂安·诺伯格-舒尔茨（Christian Norberg-Schulz）将这种人们共同拥有的、基于人与环境的互动而产生的意象类型称为"实存空间"（existential space）。阿尔多·罗西（Aldo Rossi）则试图把"类型"作为将个体建筑归为城市中的发展性部分时的规则。

像这样将共有性作为基本立场来思考的建筑实践，其实就是在既定的大秩序整体下，探讨新增部分的可能性。其中最为综合的概念之一就是历史。诗人 T. S. 艾略特用"历史的意识"这个言论阐述了其观点，即相比于通过艺术实践来进行个人表达，将现代的感觉与过去对照并找到其关联才更为重要。创作是对历史这一总体的更新，而当代性便是这一过程的诞生之物。马丁·海德格尔（Martin Heidegger）也通过"栖居"来表明，只有"建造"，也就是将世界细分为个体领域，人类才有可能生存，其中也包含了通过

个别性的实践（建造）来拯救整体（故乡）的意味。路易斯·康将人们彼此认同的感觉称为"共同性"（commonality），它是不同的人之间互相理解、取得共鸣的根本，康在这里试图找到所有人之间相通的"共同性"的根源。

我们来总结一下那些试图超越 20 世纪初以机械论的整体性为依据的建筑存在方式，并且以共有性为基础的建筑实践吧。首先是建筑不能从周围环境中被孤立出来，而应在事物的相互关联中成立。其次，将目光转向事物的固有结构，要将其视为谁都可以利用的空间设计的源泉。通过与"物质""建筑语言""城市""历史"等共有资源的对话，将个体实践定位于与更大的秩序之间的关系之上，这就是由共有性开启的建筑实践的可能性。

公共空间的实践——身体的游戏性

最后我们来思考一下公共空间与共有性的关系。在所收集的评论中，近代的建筑与城市规划出现在反复批判以抽象的人为前提的观念之后。现实中的人都是独具个性的，因为独具个性才能去实现共同体中的相互扶持与集体的创造。汉娜·阿伦特（Hannah Arendt）提出世界由许多不同的人构成这一"多数性"概念，并以此为

前提来思考公共空间。她将想法和立场都不同的人所共存的空间称为"显现空间"。正如亨利·列斐伏尔所说，在现代化的过程中，支配城市空间的价值从人们的使用价值转变为源于资本主义的交换价值，与政治上的意识形态相捆绑的城市开发盛行，导致人们的居住区域和活动范围受限，与社会阶层相对应的这种再分配倾向似乎已经成为毋庸置疑的事实。戴维·哈维以及篠原雅武等人的评论指出，当代城市空间排除了多数性，被互不伤害的人们支配和利用，这种现象令人感到不安。建筑与城市规划藉由物理环境的塑造，或多或少地加剧了多数性的流失。当代公共空间的实践所面对的课题，已经不再是如何设计所有人都可达的建筑空间这类针对开放性的讨论，而是转变为如何构建能容纳多数性的空间这类针对向心性的问题。关于这一点，讨论身体的共有性的言论或许可以给我们一些提示。

列斐伏尔将人或物聚集起来后激发出变化的城市性质称为"中枢性"。除了政治中心（聚集了决策活动）和经济中心（聚集了商业活动），他还将运动、戏剧等以身体为媒介的游戏性事物所具有的聚集属性看作是第三个中枢性，称其为"游戏中心"。正如约翰·赫伊津哈（Johan Huizinga）和罗歇·凯卢瓦（Roger Caillois）的

"游戏的形式"所论述的那样，游戏不是为其他东西服务的，而是自我完结的事物，因此那些能接受游戏的自发性制约的人们，就会获得相同的感受。这些言论表明，无关政治上的意识形态或经济上的社会阶层，以身体为媒介的游戏感受可以引申到与包容多数性的公共空间有关的思考上。身体技能将人们未曾设想过的新的使用价值置入作为交换价值被创造出的城市空间中，伊恩·博登（Iain Borden）的"滑板"（Skateboarding）论述了其批判性。

在收集到的言论中有一些提到，要将公共空间的物质环境设计与身体的共有性或游戏性关联起来。劳伦斯·哈普林的"编舞"（choreography）将室外空间中人们的活动看作运动本身的集合。扬·盖尔（Jan Gehl）的"建筑物之间的活动"所关注的，则是将坐、凝视等人们所共有的行为在那些与身体倾向相关的物质环境中进行定位的方法论。人们凭借自身的经验在空间中发现的现象学上的本质被阿尔多·凡·艾克（Aldo van Eyck）称为"场所"，他发现儿童是最能自发地在城市中找到属于自己场所的主体，并认为游戏场所的设计应从游戏自身的空间与人之间的创造性关系中去寻找。

我们以集体行为为媒介来思考公共空间的立场，其实是想发现上述言论所提示的、潜藏在身

体的游戏性之中的那份约束人们力量的可能性。如果行为能借助技巧或游戏体验使人们感受到人群的内部联系，那么这种向心性的行为也就兼具了开放性，即任何人都能加入其中。如果要把具备共有性的身体作为当代公共空间实践的起点，那么这种向心性与开放性难道不是最恰当的特征吗？

从围绕"共有性"的言论中获得学习与思考

至此，我们从过去的建筑理论、城市理论、公共空间理论中筛选出言论，并将它们按照3个问题系列进行了归纳。在人与物的生态系统中，人类丰富的共有性与物质环境是息息相关的；通过与自律性共有资源形成对话，可以拓宽以机械论为基础的建筑的存在方式；根据身体的游戏性的可能性，来进行确保多数性的公共空间的设计实践。这3点是我们在本章中梳理出的共有性的特质。

当然，这些言论也可以有更加多样的解读。目前我们梳理出了共有性的发展轨迹，并且要使其成为21世纪建筑与公共空间设计的实践依据，同时还需要让它得到更加深入的挖掘，最终成为明确的实践出发点。不过，这项工作的基础之一正是我们所归纳的这些言论。从言论开始学习与思考这件事，无论是谁都能做到。

佐佐木启

凡例

下一页是我们归纳的围绕"共有性"的言论一览，同时它也可以作为后页的索引。根据原著的出版发行年以及相关项目或演讲发表的时间，我们将这些言论进行了排列。

关于言论出处的书籍杂志的信息，为了更便于大家检索，我们也尽可能提供了最新的数据。引文中，"……"表示省略，引文结尾也注明了引用的书籍页码。原文使用的旧称全部改为新称。

将"共有性"宽泛化的启发性言论

图例　📖 书籍或文章　🏠 项目　📣 演讲

No.	言论	时间		出处
01	人民的艺术	1879	📖	威廉·莫里斯《人民的艺术》
02	广场的形式	1889	📖	卡米洛·西特《城市建设艺术》
03	历史的意识	1919	📖	T. S. 艾略特《传统与个人才能》
04	孩子与城市	1947—1978	🏠	阿尔多·凡·艾克"游戏场" →收录于《精选文集 1947—1998》(2008)
05	建筑深层的事物	1948	📖	约翰·伍重《建筑深层的事物》
06	栖居	1951	📣	马丁·海德格尔 演讲《筑·居·思》
07	显现空间	1958	📖	汉娜·阿伦特《人的境况》
08	游戏的形式	1958	📖	罗歇·凯卢瓦《游戏与人》 参考:约翰·赫伊津哈《游戏的人》(1938)
09	中间状态	1958	🏠	阿尔多·凡·艾克"儿童之家" →收录于《精选文集 1947—1998》(2008)
10	空中城市	1959	🏠	尤纳·弗莱德曼"巴黎·空中城市" →收录于《为家园辩护》(2007)
11	时间和时机	1960	🏠	塞德里克·普莱斯"游乐宫" →收录于《塞德里克·普莱斯:作品集 II》(1984)
12	大地	1960	📖	川添登《建筑的灭亡》
13	城市的多样性	1961	📖	简·雅各布斯《美国大城市的死与生》
14	类型	1966	📖	阿尔多·罗西《城市建筑学》
15	复杂的总体	1966	📖	罗伯特·文丘里《建筑的复杂性与矛盾性》
16	连带性	1967	📖	艾莉森与彼得·史密森《城市构建》
17	游戏的中心	1968	📖	亨利·列斐伏尔《进入都市的权利》
18	门槛	1968	🏠	赫曼·赫兹伯格"阿珀尔多伦管理中心" →收录于《建筑学教程:设计原理》(2003)
19	人的街道	1969	📖	伯纳德·鲁道夫斯基《人的街道》
20	编舞	1969	📖	劳伦斯·哈普林《城市环境的演绎——装置与肌理》
21	实存空间	1971	📖	克里斯蒂安·诺伯格-舒尔茨《实存·空间·建筑》
22	共同性	1971	📖	路易斯·康《房间、街道、人的协议》 →收录于《路易斯·康建筑文集》(1992)
23	共同体	1973	📖	神代雄一郎《共同体的崩塌——建筑师能做什么》
24	集体创造性	1978	📖	劳伦斯·哈普林《过程:建筑(第 4 期)》
25	街道	1979	📖	芦原义信《街道的美学》
26	风景	1979	📖	吕西安·克罗尔《构件——建筑是否需要工业化?》
27	后卫主义	1983	📖	肯尼斯·弗兰姆普敦《走向批判的地域主义——抵抗建筑学的六要点》
28	室外空间的活动	1987	📖	扬·盖尔《交往与空间》
29	整体性	1987	📖	克里斯托弗·亚历山大《城市设计新理论》
30	城市的故事	1999	🏠	弗朗西斯·爱丽丝《宪法广场上时间的流逝》《睡眠者》 →收录于《弗朗西斯·爱丽丝》(2007)
31	滑板	2001	📖	伊恩·博登《滑板、空间、城市——身体与建筑》
32	脆弱性	2007	📖	篠原雅武《公共空间的政治理论》
33	共同化	2012	📖	戴维·哈维《叛逆的城市:从城市权利到城市革命》

人 民 的 艺 术

威廉·莫里斯 William Morris
《人民的艺术》

我所理解的真正的艺术，表达了人们在劳动中所产生的喜悦。我想，如果不表现出这种幸福，人们在劳动之中就无法感到幸福。……因为所有人，或者说万物，都必须要劳动。……我们偷偷地想象，无论是地球还是天地万物，都从那些被指定的工作中之中品尝出喜悦。[pp.25-26]

制作谁都不需要的成百上千的物品，制作那些我先前说的被误以为是商业的、只能用于竞争性买卖的物品，这样的劳动才应当被废止。[p.30]

艺术的目的在于，通过向人们提供美的、有趣味的事，使人们可以消遣自己的闲暇时光，在休息时也精力充沛，而在他们工作时也给予希望与肉体上的快乐，以此使他们感到幸福。……因此，真正的艺术对人类来说是纯粹的祝福。[pp.44-45]

人民的艺术是从许多心灵与双手的协作中诞生的。才能分很多种类，高低程度也不同，当这些才能保留自己的个性，并通过适当地奉献于整体来发

挥自己的作用时，就能创造出艺术。[p.119]²⁵

莫里斯从"艺术"的角度，对工业革命以来的劳动进行了批判。据他的表述，"真正的艺术"会为制造者和使用者都带来幸福，是"由人民制造的，又是为了人民而制造的"[p.33]，它们不仅指绘画或雕塑那样的艺术作品，还包含那些在每日的劳动和闲暇中感到幸福时自发产生的艺术。这些艺术并不是珍奇的物品，而是蕴藏于人们平时使用的"日用品"之中。比如，中世纪的行会就是促使这种"艺术"自然形成的劳动体制。在这里，学徒们跟着仅有的几位手艺人一起从事手工业，不仅精通所有工作环节，还全程负责，从他们手中诞生的物品饱含人类的"心意"。然而，那些由"自由竞争的商业"催生的劳动，为了效率而将工作进行分割，并且不允许人们在自己的工作环节里"施展个性"，因此人成了"机械的一部分"。莫里斯对此感到惋惜，他心中的理想社会是，在一个能提供"不会为之感到羞愧的适合的工作""健康而优美的住房""足够休养生息的闲暇"[p.92]的环境中，人们秉持"诚实"与"质朴"的道德标准，去合力创造"人民的艺术"。

25　译自日文版『民衆の芸術』（岩波文庫、1953），页码为日文版页码。原文题为 The Art of the People，发表于 1987 年。

广　场　的　形　式

卡米洛·西特 Camillo Sitte
《城市建设艺术》

（广场）曾是每一座城市的光荣和骄傲。这些广场是交通最繁忙的地方，举行公共喜庆和戏剧演出的地方，同时也是进行官方仪典和颁布法律的地方。[p.8]

一条中世纪和文艺复兴时期广场设计的原则，即这些时期的公共广场常常用于实际目的，并且与围绕它们的建筑物形成一个整体。今天的公共广场充其量只是一些停靠机动车辆的地方，而且与它们周围的主要建筑物毫无关系。[p.10]

我们不再能够创造出像雅典卫城那些优秀而完美的艺术作品。……我们缺乏创造这样一种艺术作品所必需的基本艺术思想——普遍承认的表现人民的日常生活现实的艺术思想。……我们能够在考虑全部艺术要求的同时，留有充分的余地来满足现代建筑的实际、公共健康以及交通运输的要求。满足这种要求并不意味着我们必须把城市建设仅仅视为如修筑道路和制造机器一样的纯技术

程序，……必须牢记：在城市布局中，艺术具有正统而极其重要的地位。[pp.77-78][26]

西特首先将广场看成一种物质实体，并且从形态特征的角度详细叙述了广场必须具备的特质：广场必须是围合起来的空间，通向广场的道路必须与视线方向平行，设置拱门或纪念门以打断看不到尽头的道路的透视感等。西特认同以解决城市问题为目标的技术性城市规划。但他也同时指出，过多的技术性考虑，会使人们举行公共庆典和戏剧演出的场所——代表城市的光荣和骄傲的广场——的形式被消解。这也导致人们越来越不懂"美的广场必须具有哪些特质"。广场的艺术性被轻视，人们所共有的经验式的规范也逐渐丧失。面对这些，西特提醒那些"在绘图板上做着合理设计"的技术家、建筑师们，技术性城市规划中也需要体现新的艺术性。

26　引自该书中文版《城市建设艺术》（仲德崑译，齐康校，东南大学出版社，1990），页码为该中文版页码。原文参见：City Planning According to Artistic Principles, Phaidon, 1889. 日文版为『広場の造形』（SD 選書、1983）。

历 史 的 意 识

T. S. 艾略特 Thomas Stearns Eliot
《传统与个人才能》

首先，它（传统）包括历史意识。对于任何一个超过二十五岁仍想继续写诗的人来说，我们可以说这种历史意识几乎是绝不可少的。这种历史意识包括一种感觉，即不仅感觉到过去的过去性，而且也感觉到它的现在性，……组成一个同时存在的体系。[p.2]这种历史意识既意识到什么是超时间的，也意识到什么是有时间性的，而且还意识到超时间的和有时间性的东西是结合在一起的。有了这种历史意识，一个作家便成为传统的了。这种历史意识同时也使一个作家最强烈地意识到他自己的历史地位和他自己的当代价值。[pp.2–3]

诗歌不是感情的放纵，而是感情的脱离；诗歌不是个性的表现，而是个性的脱离。[p.11][27]

艾略特是20世纪英国文坛的代表诗人和批评家。这篇《传统与个人才能》批判了基于个性的浪漫主义表现，以及由此出发的印象式批判。艺术不是个人化的表达，而应承认从过去延续到现在的传统，并亲自置身其间，来感受这巨大的时间跨度，也就是需要将历史的意识作为讨论的前提。不过，这个历史的意识并不是要巩固传统主义或保守主义。就像艾略特在文中表述的，"现存的不朽作品联合起来形成一个完美的体系。由于新的（真正新的）艺术品加入到它们的行列中，这个完美体系就会发生一些修改"[p.3]，在历史的意识中，旧事物与新事物之间所形成的参照关系使得"艺术品和整个体系之间的关系、比例、价值"[p.3]也随之重新调整。艾略特还进一步讨论了个性的消退与历史的意识之间的关系。他指出，作为一个诗人，即使表达出真实的自我或情绪，也都太粗糙和平庸了，标新立异往往容易产生扭曲的作品。他还指出，诗人的任务"不是去寻找新的感情，而是去运用普通的感情，去把它们综合加工成诗歌，并且去表达那些并不存在于实际感情中的感觉"[p.10]。诗人应当是一种媒介般的存在，秉持这种历史的意识，积蓄"感受、短语、意象"[p.7]，在此基础上创造出"新的化合物"[p.7]。

27　译文引自李赋宁译《艾略特文学论文集》（百花洲文艺出版社，1994），页码为该中文版页码，其他亦有卞之琳译本。原文题为Tradition and the Individual Talent，首次发表于1919年。日文版题为「伝統と個人の才能」（『文芸批評論』、岩波文庫、1938）。

孩 子 与 城 市

阿尔多·凡·艾克 Aldo van Eyck
《精选文集 1947—1998》

场所与场合构成了关于人们生活条件的相互性认知。因为人类对建筑来说既是主体，又是客体，建筑的基本功能即是为场合提供场所。[p.114]

大雪之后会出现什么？大雪之后是孩子们的世界。他们将暂时成为城市的主人。……这种天空赐予的游戏，对那些被忽视的孩子们来说却是一种短暂而意外的奖励。但此刻我们要为孩子们考虑的是比雪还要永恒的东西，那就是……不会像雪那样妨碍其他城市功能，却能激发孩子们活动的东西。并且，这些东西不应该是孤立的个体或者孤立的群体，而应该设置在城市中的许多合适的场所。[p.47 左]

……无视孩子们的存在的城市是粗糙的，孩子们的活动会受到束缚而无法尽兴。如果城市无法重新发现孩子们的话，孩子们也无法重新发现城市。[p.63][28]

凡·艾克说他自己作为阿姆斯特丹市城市开发部门的一员，设计了700多个儿童游戏场。游戏场并非建在新的基地上，而是利用建筑的间隙、建筑与道路之间的空地等现有的剩余空间，通过置入游戏设施、雕塑等，将它们变成孩子们聚集和游玩的场所。凡·艾克将人工化的空间和时间称为"场所"和"场合"（参照后文"中间状态"），将建筑设计和城市设计定义为"在人们之间不断产生的确定性的或自然发生的场合中，置入基于物理现实的场所"。也就是说，人们根据自己在物理环境中的经验，设计出保留空间意义的场所，从而促使人与城市的关系更加丰富。孩子们是城市中最为活泼的要素，他们"接二连三"地发现了空间的意义，创造出"场合"。游戏场的设计清楚地展现了这种思想。相比于形式的设计，凡·艾克更注重物与物、物与城市的关系，通过最小限度的介入让孩子们自己来发现"城市"。

28　译自『チーム 10 の思想』（彰国社、1979）中收录的该文章的日文译文，页码为该日文版页码。原文参见：*Collected Articles and Other Writings 1947–1998*, Vincent Ligtelijn & Francis Strauven (eds.), SUN, 2008.

建 筑 深 层 的 事 物

约翰·伍重 Jørn Utzon
《建筑深层的事物》

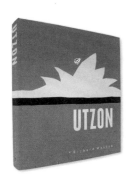

建筑深层的事物，在自然界的话应该相当于种子。就像生长是自然的法则，建筑应该也有那样一种永恒的概念。……我们生活的时代与在此之前的任何时代都不同，但建筑深层的事物，即那个种子，却与过去毫无二致。……我们所寻求的是，将各种欲望全部打捞起来，并让它们互相不发生冲突的整合能力，以及为了创造新的整体而以自然界为范本、使各种需求一同生长的诱导能力。……其中，时代与环境需要步调一致，灵感也需要从问题自身中获取，只不过前提是要将问题转换成建筑学的语言，并将所有要素整合到一起。[pp.56–57]29

关于"建筑深层的事物"，伍重在他的这篇文章中用种子来解释。这种事物不随建筑所处时代或场所而变化，却会随着条件不同而呈现出不同的生长方式。为了达成这种不变的状态，需要能运用木材的组织性、石材的重量或硬度、玻璃的特性等材料的物质性，还要能体察人在走路、站立、歇坐、悠闲躺卧等的时候会有怎样的情绪。也就是说，需要具备健全的、常识性的生活观。然后，各类要素之间要做到不互相排斥，共同引导生长，然后将其置换为建筑学的语言，使之成为一个组织在一起的整体。肯尼斯·弗兰姆普敦在《建构文化研究》(Studies in Tectonic Culture) 中，将伍重的建筑描述为"泛文化的形态"，是"结构形态的构造逻辑与几何学组织原理"高度统合的结果。我们可以认为，伍重所说的"建筑学的语言"指的就是结构、几何学这类建筑构成的基本原理。伍重的建筑包含了各类文化主题，即便从特定的地域条件或时代条件出发，也能整合所有的现代技术与传统要素。不仅如此，他的建筑学语言使得那些谁都可以利用的自然界中的物质材料和人们的行为方式结合在一起。

29　译自『a+u 2013 年 3 月臨時增刊 CAN LIS: Jørn Utzon's House on Majorca』（新建築社、2013）中收录的该文章的日文译文，页码为日文版页码。原文参见："The Innermost Being of Architecture," in Richard Weston (ed.), UTZON: Inspiration, Vision, Architecture, Edition Bløndal, 2002.

栖　　　　　　　居

马丁·海德格尔　Martin Heidegger
《筑·居·思》

建造不只是为了居住而采取的手段或方式。建造本身就已经是居住了。[p.6]

居住是安定地享受恩惠，是被亲人围着的同时又感到自由，一切都依照本性自然而然地受到守护。……其中的真意是，终将死去的人会留在这片大地上。……说起来，在大地之上其实就是在天空之下。二者都意味着停留在神物之前，并将人们对彼此的归属一同包裹。[pp.14-15]

居住的真正危机不仅仅在于住所的不足。……居住的真正危机是……终将死去的人需要每次都从头开始去探寻居住的本质。……居住是固有的危机，存在于人们对故乡的丧失之中。[pp.45-46][30]

《筑·居·思》是在1951年德意志制造联盟主办的达姆施塔特会议上，以"住宅匮乏"为主题而发表的演讲之一。海德格尔追溯了"Bauen"(建筑)这个词的原始意义，指出"建造"本身就已经是"居住"。进而，只要有人便是"居住"，这个"居住"是天空、大地、神物、终将死去的人的统一体。海德格尔还说，"居住"不单指被给予住宿的场所，他试图从居住中看到人类存在的本质。然后，他直指现代人所面临的居住危机，也就是失去故乡的状态。但海德格尔以黑森林的农户为例说明，"并不是应当回到建造农舍的时代。或者说，那并不可行"[p.43]，"人们察觉到自己失去故乡"[p.46]时，"好好想想，把它放在心上吧"[p.46]才是引导我们走向"居住"的呼唤。在当代，思念故乡就是思考自己要归属于一个怎样的地方，并开始向往那里。换言之，我们为了真正意义上的"居住"，应追寻共同归属于某处的存在方式，而不应以散落的个体身份而存在。

30　译自日文版『ハイデッガーの建築論—建てる・住まう・考える』(中央公論美術出版、2008)。原文题为 Bauen, Wohnen, Denken，首次发表于 1951 年。

显 现 空 间

汉娜·阿伦特　Hannah Arendt
《人的境况》

在世界上一起生活，根本上意味着一个物的世界
（A World of Things）存在于共同拥有它的人们中间，
仿佛一张桌子置于围桌而坐的人们之间。[p.34]

行动和言论在参与者当中创造的空间，几乎在任
何时间任何地点都能找到它的恰当位置。……这
是最广义上的显现空间（Space of Appearance），即
我像他人显现给我那样对他人显现的地方，……
而且清晰地显现自身。[p.156]

用于衡量世界真实性的唯一标准是它对我们所有
人而言是共同的。[p.163]31

阿伦特所倡导的人的境况，包含"劳动"（labor）、"工
作"（work）、"行动"（action）3个行动的能力。其中"行
动"在多数人同时存在的情况下产生，并因明确个人
的人格身份而成为政治生活的必要条件。行动的人的
境况是"多数性"。这个与多数性相关的行动与"公共"
（public）这一概念有着深刻的关联，它具有"能被所
有人看到和听到，有最大程度的公开性"[p.32]，以及
"对我们所有人来说是共同的"[p.34]这两层意思。人，
正因为相似而能够相互理解，也正因为有差异，才试
图通过各类言论与活动让对方理解自己。并且，将自
己独特的人格展示给世界正是行动的开始，由此我们
可以感知"世界与我们自身的真实"。并且正因为每
一个个体都非常独特，才会有更多独特的事物被带
到这个世界中来。然而事实上，向世界展现"我是谁"
（who）却并不容易，为此需要有相应的关系或者空间
作为条件，即"只有在言行未分裂、言谈不空洞、行动
不粗暴的地方，在言辞不是用来掩盖意图而是用于揭
露现实，行动不是用来凌辱和破坏，而是用于建立关
系和创造新的现实的地方"[p.157]，人们才会建立一种
能够展现"我是谁"的"显现空间"。

31　引自中文版《人的境况》（王寅丽译，上海人民出版社，
2009），页码为中文版页码。原文参见：*The Human Condition*,
The University of Chicago Press, 1958. 日文版名为『人間の条件』
（ちくま学芸文庫、1994）。

游 戏 的 形 式

罗歇·凯卢瓦 **Roger Caillois**
《游戏与人》

我们总结游戏的形式特点,称之为一种自由活动;作为"不严肃的东西"有意识地独立于"平常"生活;但同时又热烈彻底地吸引着游戏者;它是一种与物质利益无关的活动,靠它不能获得利润;按照固定的规则和有秩序的方式,它有其自身特定的时空界限。[p.15]

在探讨了各种可能性之后,为了将游戏进行理论性的分类,我提出了4个大项。在游戏中,竞争、机会、模拟、晕眩,这四者之一将占主导。我将它们分别称为 Agon、Alea、Mimicry、Ilinx。[p.31]

也就是说,在通向文明的道路上,模拟及晕眩这对组合的主导地位会逐渐减弱,取而代之的是 Agon 与 Alea 这一组,也就是竞争与机会将被置于社会关系的上层。当高度的文明摆脱原始混沌的状态而浮出时,无论其因果关系如何,都能看到晕眩和模拟这两项在显著地后退。[p.166]

约翰·赫伊津哈提出了游戏的5个特点:①自由;②真实生活外的虚拟;③没有利益关系;④时间与空间上的分离;⑤一定的规则。他进而将宗教、艺术等其他所有的人类活动按游戏的性质来进行说明,提出了游戏先于文化产生这一观点。罗歇·凯卢瓦继承了赫伊津哈的思想,并指出后者虽然关注了规则、形式等游戏的外在组成,却忽略了游戏内在的心理活动。于是凯卢瓦将游戏分成了竞争、机会、模拟、晕眩四类,他认为模拟与晕眩的组合是混沌社会中出现的产物,而竞争与机会的组合则在古罗马社会及近代欧洲等社会中出现,由此说明了文化、文明的发展与游戏的关系。不过,二人都认为游戏除了其自身之外无法做出其他贡献,它本身是自我完结的"虚构",是人们自发形成又自发遵守的规则。因此,规则性、隔离性、虚构性等秩序也形成了人类共同体的规范。而这种自发秩序的缺失,也是近代社会中共同体规范消失的原因。[32]

32　第一段引自中文版《游戏的人》(约翰·赫伊津哈著,中国美术学院出版社,1996),页码为中文版页码。后二段译自日文版『遊びと人間』(講談社学術文庫、1990)。原文参见:*Les jeux et les hommes: le masque et le vertige*, Gallimard, 1958.

中　间　状　态

阿尔多·凡·艾克　Aldo van Eyck
《精选文集 1947—1998》

确立中间状态，就是调和各种对立的极性。如果它们有互相交叉的地方，就能再次确立本应存在的孪生现象（Twin Phenomena）。[p.108]

对人来说，空间并不意味着房间，时间也不是某个瞬间。人被排除在外。[p.112右]

建筑上的相互关系，即统一性与多样性、局部与整体（与孪生现象密切相关），应当包含人的相互关系——个体与集体。……创造性地操控多个事物（multiplity），就是将多个事物明确地分组并形成结构（configuration），使其最终变得人性化，一旦失败，对大部分的新城市而言都会是一种灾难。……居住地的规划被分成建筑与城市规划两个领域来执行，这一简单的事实说明，决策者还没认识到应将关系原理转变成设计过程的框架。[p.112左–p.114右][33]

以CIAM为代表的近代以后的建筑和城市规划，将一系列经验构成的城市生活分割成这两个领域，而不考虑它们相互之间的关联，凡·艾克对此进行了批判。他为了将互相关联的原理与建筑和城市设计结合起来，提出了"孪生现象"这个概念。这是一种将一方的意义作为另一方的前提的成对概念。比如，局部与整体、统一性与多样性、内侧与外侧、封闭与开放、密集与空敞、恒常与变化、个体与集体等。凡·艾克指出，这些概念如果只有一方就没有意义，而近代的建筑和城市规划将它们歪曲成了这类绝对的事物。用刚才的例子来说，就是将局部、多样性、外侧、开放、空敞、变化、集体等视为可以各自独立存在的事物。对于这种缺失了对立性而被认为是绝对事物的空间与时间，凡·艾克认为，基于人们的经验形成的场所和场合是十分重要的。场所根据"记忆与预想的表现方式"，带有"特殊场合下的空间意义"[p.43左]，它在人们的印象中与空间相一致，"以一种人性化的方式出现"[p.43左]。凡·艾克定义了"中间状态"（Inbetween）的概念，其指的是在上述场所和场合中，分裂的一对现象再次同时出现，从而揭示出人的经验与建筑、城市的相互关系。

33　译自『チーム 10 の思想』（彰国社、1979）中收录的该文章的日文译文。原文参见信息同本书注释 28。

空　中　城　市

尤纳·弗莱德曼　Yona Friedman
《为家园辩护》

居住者应该自己定夺，建筑师应该协助他们定夺。[p.27]

建筑师无法研究每个个体的行为，于是，他们取而代之地创造了一个所谓"完美的使用者"(ideal user)。通常这个"完美的"理想化个体就是他们自己的镜像，他们为这个镜像做方案。既然是为一种范本化的完美而设计，那么所有那些个别的"不完美的使用者"都不会对此满意。[p.129]

剥夺"未来使用者"依据自身感性能动性来营造自己的生活空间的权利是不公平的。创造空间形式的主导权常常掌握在设计者手中，建筑停留在被他们具象化的表现之上。[pp.206-207][34]

曾经融为一体的建筑居住者(user)和创造者(creator)随着现代化的演进而分离，而现代建筑将人们设想成理想的一般人(average people)，忽略了个体拥有的独特个性(unique individual)，因此无法满足现实社会中任何人的需要。尤纳·弗莱德曼对此进行了批判，并且认为现代的技术有能力给予居住者自己创造空间的自由。他将能够应对无法预测的社会变化与生活变化的空间灵活性称为"移动性"(mobility)，并在第十次CIAM会议上提出了"移动建筑"(Mobile Architecture)的概念。在这些思想的基础上，"空中城市"被构建出来。这是位于巴黎和摩纳哥等既有城市上空的一个巨大立体空间架构，可以容纳各种设备，居住者可以在里面自由地组合墙壁、楼板、天花板，建造属于自己的居住空间，并自由地在空间架构中规划位置。弗莱德曼提出的这一全新的基础设施，能包容各种变化的城市构想。之后他还提出其他的方案，例如"公寓创作师"(Flat Writer)这种程序，能在电脑上辅助人们设计自己的居住空间，或者规划空间架构中的房间布局，还有叫作"手册"(Manual)的四格漫画般的交流工具，由简单的图纸及文字构成，能帮助人们轻松理解建造的方式，等等。弗莱德曼思考了将建造活动完全向居住者敞开的可能性。

34　引自中文版《为家园辩护》（秦屹、龚彦译，上海锦绣文章出版社，2007），页码为中文版页码，其中"创造空间形式的主导权⋯⋯"一句未在中文版里出现，此处根据日文译文补译。原文参见：*Pro Domo*, Actar, 2006.

时　间　和　时　机

塞德里克·普莱斯　Cedric Price
《塞德里克·普莱斯：作品集Ⅱ》

在对有历史的东西进行修缮时，建筑师和设计师们必须要尽全力思考必要性及合理性。[p.19]

时间为设计提供了第四个维度，而时机则让人想起容易错过、容易失去的东西。……要了解时间与时机的真正价值，就要在设计中去寻找原因这条线索，让时间与时机成为可以计量和控制的有效要素。……建筑界正在不断堆砌那些由胆小的人守护着的无用建筑。[p.37]

建筑在面对各种问题时的即时反应太慢。作为具有社会性的建筑，必须要不断地察觉环境的变化。[p.92]³⁵

塞德里克·普莱斯将建筑的价值通过两种时间尺度来考量：建筑存在的时间长度——"时间"（time），以及建筑作为被使用物留存至今——"时机"（timing）。如果历史建筑留存至今却无法回应社会以及人们在空间使用需求上的变化，那便是过分重视时间而忽视时机的结果。建筑师必须妥善地控制这种尺度的平衡。20世纪60年代，英国社会十分关心劳动者的权利和教育品质，在此背景下，让人们度过闲暇时光，同时又能自发探索新公共空间的构想受到了追捧。作为对此风尚的回应，普莱斯发表了"游乐宫"（Fun Palace）的方案。其中，构成建筑的各个要素——生产条件、环境形成条件、使用年限等被逐一测定，建筑寿命本身也是一个单独的设计要素。为了应对功能的不确定性，他还提出了能够伸缩的空间系统。在这种构想的基础上，1971年还建成了"交互中心"（InterAction Centre）。这个社区中心在2003年被拆除时，据说普莱斯近乎疯狂。随着人们需求的更迭，它在完成使命之后消失的这一刻，可以说正是符合普莱斯时间与时机理论的建筑真正实现的时刻。

35　译自日文译文。原文参见：*Cedric Price: Works Ⅱ*, Architectural
　　Association, 1984.

大   地

川添登
《建筑的灭亡》

即将到来的世纪将是一个人们离开土地并对其重
新进行想象的时代。在这个时代，人们从飞快进步
与变化的新陈代谢中，感受到漫长宇宙中的永恒
时间。一旦进入这个时代，按照过去的概念所建
造的建筑——那些紧贴着土地的、作为永恒事物
的建筑必然会走向灭亡。[p.64]
城市中连接整体与个体，连接巨大尺度与人类尺
度的事物，……便是人工土地。在这一思想中，地
面是让丑陋的争斗持续不断的原因，于是人们人
为地建造自由的土地，将其从地面解放出来，同时
把大地还给了自然。因此，城市规划既不是技术也
不是工程，倒不如说是以人类应如何存在为出发
点的实践哲学。[p.191]
城市的新陈代谢与人口的大规模迁移使人们不得
不抛弃了对某块特定土地的热爱。然而，分离成
个体而热衷迁移的人们，却在作为人类共同母体
的自然中，对不动的大地保留了强烈的爱。底层架

空或由人工土地所形成的大地是开敞的，这就已
然预示了那种倾向。[p.201][36]

川添对狩猎时代的人们看待大地的自然观怀有憧憬。
狩猎民族不会在特定的土地上安家，因此在空间上与
时间上都无限延展的母体般的大地就成为了他们心灵
的依靠，他们相信" 即便死去也可以再次栖身于母亲
的体内"。川添将城市中不断迁移的现代人的姿态叠
加到狩猎民族之上，以此来分析狩猎时代的大地与人
的关系。在那里，大地不该是个人的所有物，而应是人
们所共同拥有的。此处可以隐约看到川添对战后日本
的土地所有制的批判。20 世纪60 年代日本经济迎来
高速增长，随之出现了城市人口过密化和土地不足等
问题，为了应对这些问题，新陈代谢派提出了将土地
与居住空间分离的构想。在这一构想的影响下，面对
塔楼或底层架空等现代主义建筑语言所形成的那些
抬升到空中的新型居住空间，川添将其与开敞大地的
共同性思想关联起来，使其有据可循。无休止的建设
使城市不断改变，人们一方面接受这个状态，一方面
又试图在对建筑的思考中寻觅人类母体般的大地。

36　译自日文原版『建築の滅亡』（现代思潮社、1960），页码为
日文版页码。

城　市　的　多　样　性

简·雅各布斯　Jane Jacobs
《美国大城市的死与生》

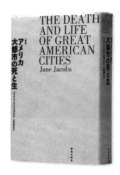

我以为，要弄清楚城市表现出来的神秘莫测的行为，方法是仔细观察最普通的场景和事件，尽可能地抛弃以前曾有的期待，试着看看能否发现他们表达的意义，是否从中能浮现有关某些原则的线索。……这个普遍存在的原则就是城市对于一种相互交错、相互关联的多样性的需要，这样的多样性从经济和社会角度都能不断产生相互支持的特性。……我以为一些不成功的城市区域是那些缺乏这种相互支持机制的区域。[pp.12–13][37]

20世纪50年代美国大城市的经济增长显著，中产阶级搬到郊外，导致了城市空心化，于是试图一举清除市区内的贫民窟的城市开发大肆展开。在雅各布斯看

来，将贫民窟作为无序与混乱的象征而清除的城市开发理念是错误的，她肯定了城市中心的多样性，称之为"复杂且极度发达的秩序形态"。雅各布斯首先指出，城市的本质是陌生人聚集在一起互不干涉地生活。在成功的地区，互不相识的人变成了保障街区安全的资源，其主要原因在于混合用途的商业活动。雅各布斯对此的分析是：在可以买点东西的街道上如果有丰富的商业活动，就会形成大量的人流，也可以说长出了能够注视街道的"眼睛"，视线的丰富提高了安全性，安全性的提升又带来更多的商业活动，从而形成良性循环。以此逆推，各种各样的人群与职业的混合使得人们彼此获利，这种"经济行为"[p.13]的可能性被扩充，才能为城市带来多样性。于是，雅各布斯给出了激活能动性经济活动的4个多样性的条件：①混合的用途。城区及其下级区划的主要功能最好有两种以上，且互相影响的程度较高。②小型街区。由于街道较短，在这类街区中拐弯的机会更多。③年代与保存状况不同的建筑的均匀混合。一定数量的旧建筑也应包含在内。④足够高的人流密度，且人群前来此处的目的应各不相同。[p.165]陌生人群体以小型经济为媒介相互扶持，可以在经济上或社会上使人享受到个人所无法拥有的东西，从而拓展城市生活的可能性。

37　引自中文版《美国大城市的死与生》（金衡山译，译林出版社，2005），页码为中文版页码。原文参见：The Death and Life of Great American Cities, Random House, 1961. 日文版为『アメリカ大都市の死と生』（鹿島出版会、2010）。

类　　　　　　　　　　型

阿尔多·罗西　Aldo Rossl
《城市建筑学》

我们对城市的描述主要集中在其形式方面。这种
形式取决于实际的情况，因而与具体的城市特征
相关联。城市建筑概括了城市形式，我们可以从这
个形式出发，来考虑城市问题。[p.31]

类型根据需要和对美的追求而发展；特定的类型
与某种形式和生活方式相联系，尽管其具体形状
在各个社会中极不相同。……类型不是一种作为
原型规则的元素。[p.37,42]

类型因此是经久的，其自身表现出一种需要的特
征；尽管它是预先决定的，但却与技术、功能、风
格以及建筑物的集合特征和个性有着某种辩证的
关系。[pp.42–43]

城市的形式总是城市在某一特定时间内的形式；
然而，城市的形成经历了很多这样的时间。[p.61][38]

罗西认为城市"仿佛一座建筑"，是花费时间建造起
来的"艺术作品"。他从形态角度，而非社会、经济或
功能角度来进行论述。城市的形态不仅指眼睛能看到
的形状，也包含了时间上的意义，因为从过去到现在
城市所经历的一切都融入了它的形态中。罗西称城市
是在人们的各种争夺与无意识的演变中形成的，从这
个意义上来看，城市就是一种集体记忆。在分析这类
城市时，罗西使用了"类型"这个概念。类型不是具体
的形态，而是作为某种规则来操控形态的观念，是一
种先验于形态的、在某种共同性之下遵从发展形与派
生形的关键要素。彼得·艾森曼在该书的英文版序言
中写道，类型这个概念是属于历史学领域的无性格结
构，虽然它不过是将已知事物进行分类的手段，但罗
西却从类型中提炼出以城市与建筑为媒介的创作理论
上的观点。罗西将这种类型作为基本出发点，使新的
建筑与历史这个巨大的视野紧密地关联起来，进而成
为城市的一部分。

38　引自中文版《城市建筑学》（黄士钧译，中国建筑工业出版社，
　　2006），页码为中文版页码。原文参见：L'Architettura della Città,
　　Studi, 1966. 日文版为『都市の建築』（大龍堂書店、1991）。

复 杂 的 总 体

罗伯特·文丘里 Robert Venturi
《建筑的复杂性与矛盾性》

复杂和矛盾的建筑对总体具有特别的责任：它的真正意义必须在总体中或有总体的涵义。它必须体现兼容的困难的统一，而不是排斥其他的容易的统一。[p.2]

在某些构图中有一种统一的固有意识，……是通过复杂而巧妙的法则取得的困难的统一。……构图要旨在于保持统一，"只有保持对容易发生冲突的构件组合的控制，否则紊乱是很容易产生的。惟其容易而得以避免，就能产生力量。"[p.105][39]

文丘里用历史样式和惯用的要素表达了不同于现代主义建筑的美学和价值观。特别是《拉斯维加斯》[40]中关于装饰小屋的部分，强调了建筑在符号学与象征性上的一面，书中"复杂的总体"（Difficult Whole）这个概念阐述了一种并非由各部分相加构成的总体，而是通过各部分的相互作用形成的一个超越各部分之和的多样性系统。这种复杂的总体可能由若干部件组成，当部件数目为一个、涵盖总体的多个，以及经典的"三位一体"时，各部件都能较容易地获得统一，而当部件是两个（"二元体"）或中等数目时，要统一就会比较困难。特别是在二元体，也就是两个要素的对立与统一中，常需用到格式塔心理学中的知觉概念。在部件与总体的关系上，部件自身即是总体，总体是更大的总体的一部分，这样的"折射"就是创造的目标。在这种折射中，部件暗示了总体与连续性，当被置于一个大的总体中时，部件就第一次具备了有意义的半功能性职能。也就是说，由于用下位概念表示上位概念（或者相反），不同分组之间会开始相互结合。然后，基于这种二元性与折射，对称之中的非对称、二元性的消解等更加复杂的东西就会随之而来。我们不应去除突发的部分或未解决的部分，而应追求包含这些的统括性总体。这种复杂的总体显示出一些可能性，它或许会超越由可替换部分相加而成的机械论的总体，并将相互作用的总体用于建筑形态。

39　引自中文版《建筑的复杂性与矛盾性》（周卜颐译，中国建筑工业出版社，1991），页码为中文版页码。原文参见：*Complexity and Contradiction in Architecture*, Museum of Modern Art [distributed by Doubleday & Company], 1966. 日文版为『建築の多様性と対立性』（SD 選書、1982）。

40　原书名为『ラスベガス』（SD 選書、1978），为文丘里另一著作 *Learning from Las Vegas* 的日文译本。该书中文版可参考徐怡芳、王健译《向拉斯维加斯学习》（中国水利水电出版社，2006）。

连　　带　　性

艾莉森与彼得·史密森　Alison and Peter Smithson
《城市构建》

在高密度居住区中能感受到人类社会固有的社会共同感和安全感。这种感觉与街道形态的秩序……有关。街道并非只是交通道路，也是社会行为发生的场所。……人们以前是如何巧妙利用环境的呢？……"喜悦""休闲""信仰""游戏"等……到底有多少种人们本来的行为能够出现在那里，并且一直持续下去呢？[p.15]

……在爱德华多·保罗齐（Eduardo Paolozzi）的雕塑和杰克逊·波洛克（Jackson Pollock）的绘画中，曾出现过这种伴有结构感、紧张感的秩序，以及经过精心组织的画面。在这些作品中，所有片段相互间的关系衍生出新组织，在新组织中又创造出了新关系。所以我们主张建筑本来的模式是这种连带性的形态。[p.34]⁴¹

史密森夫妇指出，CIAM的《雅典宪章》所展示的理性主义城市规划中，人与人之间的相互关系，以及培养这种关系的环境是有所缺失的。城市不应被看作功能划分分明的组织，而应从人类社会的角度来考量，其中的核心概念便是"连带性"（association）。他们对连带性定义为与城市规模相适应的、人们"可以感知的人类集团的聚集"[p.20]，并将其归纳成住房（House）、街道（Street）、地区（District）、城市（City）4个发展阶段。小规模的连带性无法聚集成大规模的连带性，各种规模都有其固有的结构，例如街道上的朋友和熟人，城市中的想法相同的人和同国籍的人，等等。必须从这种有意识与无意识的成对的人际关系中抽取出图示来考量。并且，要想获得幸福感，人们在一个环境中的归属感是不可或缺的，它是连带性最基本的秩序，史密森夫妇称之为"一体性"。建筑设计和城市规划必须找到连带性固有的形态模式，让人们感受到一体性。并且，需要将各种形态模式看成是一种动态关系。例如，住宅群的位置规划在局部自由变化的同时也会形成新的模式。这种有机的形态被称为"簇"（cluster），是用建筑的手法来促进城市成长的思考架构。他们希望将人际关系结构化，并赋予其形态，通过建筑的手法尝试恢复被CIAM破坏的那些共同体生活的本质。

41　译自日文版『都市の構造』（美術出版社、1971）。原文参见：*Urban Structuring: Studies of Alison & Peter Smithson*, Studio Vista & Reinhold, 1967.

游　戏　的　中　心

亨利·列斐伏尔　Henri Lefebvre
《进入都市的权利》

城市是心理上的社会、同时性、聚集、收敛、相遇（或者说很多相遇）的形式化，是由量（空间、物体、生产物）产生的质。是差异或各种差异的总和。……城市社会在时间中展开，赋予某个空间（风景、场所）以特权，同时也被赋予特权，城市社会中交织着各种意义，集合了各种行为，因此其理论与商品的理论不同。[p.125]

聚集了各类集体性游戏的节庆活动，在被严密控制的消费社会的各种缝隙之中，以及技术专家所主张的严格的社会结构的各个孔穴中残存了下来。……游戏的中心具有以下几层含义：重建艺术与哲学作品的意义……把空间的优势赋予时间——将占有置于支配之上。[pp.200–201]⁴²

近代工业化产生了支配生产手段的资本家和为了生活出卖劳动力的工厂劳动者这一抽象关系，在"城市空间"（街道与地区）和"城市时间"（时间分配与节庆活动）中规划各种行为、活动的共同体的生活规范随之消失，建立在"使用价值"之上的城市被还原到货币的"交换价值"上，并逐渐商品化。亨利·列斐伏尔认为城市是在各种人和物同时聚集到一起时，激发偶遇或交易机会的具有复杂相互作用的场，并称这一特点为城市的"中枢性"（centrality）。而以交换价值为基础的城市开发和规划则把这些与政治思想结合起来，将劳动者、外国人、学生等集中起来，隔离在特定的地区。同时，这种城市规划用工作、休闲、生活、交通等功能将城市空间分隔，并通过组织这些空间来规定人们的行为和活动，以此将消费（经济）中心和决策（政治）中心合二为一，使人们远离相遇和交易的中枢性场所。列斐伏尔将人们重新触及城市的中枢性，并不再被隔离的权利称为城市的权利，并把注意力投向了运动、戏剧等以身体为媒介的"游戏性的事物"。列斐伏尔认为，与基于经济、政治的中枢性不同，游戏中潜在的"欲望"依靠其他的向心力来驱动人们，这是群体形成的根本性原因，同时，以"身体"为媒介进行的、对时间与空间的"占有"（我有化）应被视为游戏的中心。

42　译自日文版『都市への権力』（ちくま学芸文庫、2011）。
　　原文参见：Le Droit à la ville, Éditions Anthropos, 1968.

门　　　　　　　　　　　　　　　　　　　　槛

赫曼·赫兹伯格　Herman Hertzberger
《建筑学教程：设计原理》

"公共"和"私有"的概念可以被相对地理解为一系列空间特质，即渐次表现为这样的关系：可进入性的—责任性的—私人产业和实行监管的特定空间单元。[p.13]

门槛是转换和联系不同领域主张之间的关键，它基本上构成不同秩序范围之间的交会与对话的空间条件。……这种双重性的存在归功于本身如同平台般的门槛的空间特性，内外两个世界在这里搭接，而不是在这里作截然的划分。[p.32]

对个人生活方式的统一化表达必须废止。我们所需要的是空间的多变。在这些空间中不同的功能被简化为建筑原型，通过它们适应和吸收，并且诱发所期望发生的功能和今后改变的能力，形成共同的生活方式的个人表达。[p.147]⁴³

赫曼·赫兹伯格批判了将公共领域（public）和私有领域（private）视作对立概念的空间认识，认为其"实为在基本的人类关系的蜕变中所留下的病征"[p.12]。这两个领域基于人作为使用者对空间的管理、使用等关联方式而出现。通过斟酌人与空间的关联方式，并给予适当的空间划分（articulation），建筑师能够使人们的日常生活更加丰富。"门槛"（threshold）是不同领域相重叠的中间部分。一个典型的门槛——住宅的玄关，根据其划分形式的不同，可以拉近城市和住宅两个领域的关系，给人们两种归属感。赫兹伯格认为，这种划分不能只是为了某个特定的功能目的，而必须"考虑多样的解释方式"。例如，大空间"很难布置和安排家具"，而拥有许多空间划分的房间则"提供了更多的对于创造场所的刺激和更多的空间变化"[p.196]。赫曼·赫兹伯格批判了现代主义建筑通过分解与重构功能来消除建筑中的非功能空间这一做法，并构想了这样一种建筑：通过划分来赋予空间多样的解释，使复合的多种功能出现在人们信赖的生活场所中。

43　引自中文版《建筑学教程：设计原理》（仲德崑译，天津大学出版社，2003），页码为中文版页码。原文参见：Lessons for Students in Architecture, Uitgeverij010, 1991. 日文版为『都市と建築のパブリックスペース—ヘルツベルハーの建築講義録』（鹿島出版会、1995）。

人　的　街　道

伯纳德·鲁道夫斯基　Bernard Rudofsky
《人的街道》

> 街道不会存在于空无一物的地方，它无法与周围
> 环境割裂开来。换言之，街道只是建筑的同行者。
> 街道既是母体，也是城市的房间、丰饶的土壤、孕
> 育的场所。它的生存力不仅依赖于人的人性，也同
> 样依赖于周围的建筑。[p.15][44]

伯纳德·鲁道夫斯基以"城市完全符合住在其间的人
们的思想与理想"来描述欧洲城市中街道与人的生活
密不可分的状态，并以此批判了奉行车辆至上主义的、
只是把街道理解为马路的美国城市文化。对欧洲人来
说，街道是伟大的户外空间。他还指出户外空间的丰
富活动是人们的内在习惯与外在的空间装置（device）
相互依存的结果。之所以不得不用装置来称呼，是因
为它们可能是凉亭、铺地等建筑的语言，也可能是品

咖啡、演出等功能，以及一些更加微小的空间上的设
置。例如，"散步"（corso）是意大利人的一种习惯，即
每天在特定的时间来到街头，以特定的路线散步。这
一习惯本身没有特别的目的，但是人们可能会相遇、
交谈、交易，各种社会活动随着生机勃勃的邂逅一起
被带到了街道上。在意大利的城市佩鲁贾（Perugia），
人们每到下午就会向被太阳烤热的石板路上洒水，摆
出禁止车辆通行的标识，为散步做好准备。这些细微
的考虑没有逃过鲁道夫斯基的眼睛，他认为它们是人
们习惯与街道相互依存的证明。另外，美国并非没有
"散步道"（promenade）这种步行者空间，但因为人们
没有散步的习惯，所以并没有被很好地利用起来。较
之独处，意大利人更喜欢在街上和大家一起度过时间，
这样的精神是散步习惯的根源。基于这种精神的空间
装置将户外空间纳入日常生活之中，在日复一日的使
用中将它们变成了习惯，而习惯又在下一代中孕育出
热爱街道的精神。人们内在的习惯与户外空间的相互
依存的关系，正是鲁道夫斯基所形容的那种属于人的
街道的根源。

44　译自日文版『人間のための街路』（鹿島出版会、1973）。
　　原文参见：*Streets for People: A Primer for Americans*, Doubleday &
　　Company, 1969.

编 舞

劳伦斯·哈普林 Lawrence Halprin
《城市环境的演绎——装置与肌理》

参与活动是城市的基本要素。在其他艺术形式中，人们可能作为一个观赏者被动地享受，但城市这个艺术形态的基本特性，决定了参与和行动的必要性。城市是一个多维的、精巧的复合体，并存于其中的构筑物与空间相互交织，事件以此为舞台展开。在活动发生时，城市的特质必须能生动地将其予以展现。

如果把城市看成是芭蕾编舞（choreography）的舞台，那么就必须考虑多个维度。[p.205][45]

劳伦斯·哈普林用"编舞"（choreography）这个词，来形容在丰富的城市空间中对人们活动的设计。他为了捕捉活动中的动感，引入了"速度的维度"这个概念。步行者以不同的模式和速度行走，身体在受平地、斜坡、楼梯等要素影响的同时，也感知到周围的建筑及

各种物体在缓慢地移动，他们与若干人或物体迎面擦肩而过，彼此重合交错。每个人肢体的摆动都有所不同，这种有节奏的行动受到文化背景、民族习惯的影响。通过这些观察，劳伦斯·哈普林得出了"步行空间的设计中，必须考虑步行者的活动内容和与活动相关的身体问题""空间的类型和设计，很大程度上受到行动中的编舞规划的影响"[p.205]的结论。为了记叙这些活动与周围环境的关系，哈普林开发出了"动像"（motation）这一独特的运动记录方式。相较于记录静态物的建筑图纸而言，"动像"就像动画的逐帧播放那样记录下动作和场面，以便将动态物直接作为设计的对象。它可以记录广场步行者、高速移动的汽车等动态物所看到的景观序列，包括行道树、建筑、长椅、地平线等静态物，以及擦肩而过的人、流水、驶过的电车等动态物，用符号表达各种近景和远景，从而描绘出各种场景。哈普林通过这种独特的记录方式，试图设计出城市中人与自然的各种活动。

45　译自日文版『都市環境の演出—装置とテクスチュア』（彰国社、1970）。原文参见：Cities, The Reinhold Book, 1969.

实 存 空 间

克里斯蒂安·诺伯格-舒尔茨 Christian Norberg-Schulz
《实存·空间·建筑》

五个空间概念指……发生身体行为的实用空间（pragmatic space）、用于直接定位的知觉空间（perceptual space）、给人以稳定环境印象的实存空间（existential space）、认识物理世界的认知空间（cognitive space）、描述纯粹伦理关系的抽象空间（abstract space）。实用空间将人整合到自然的有机体环境中。知觉空间对于一个人的一致性是不可或缺的。实存空间将人归属到社会性与文化性的整体之中。认知空间意味着人们能够就空间进行思考。抽象空间提供了一种记录其他各种空间的工具。[p.20]

实存空间是构成人"存在于世"（In-der-Welt-Sein）的一部分的心理性结构之一，而建筑空间是其物理上的对应……

理想的情况下，实存空间与建筑空间之间应具有同构（isomorphisme）关系……建筑空间应当带有显著的公共特性。[pp.98–99][46]

舒尔茨将实存空间定义为"相对稳定的知觉性图式（Schema）体系，也就是'环境意象'"[p.40]，及"人们在与环境相互作用的同时，为了舒适地生活下去而发展出的图式"[p.97]。"Schema"是心理学家让·皮亚杰（Jean Piaget）所使用的词，指通过自己与环境的相互作用获得的意象图式或型。当拥有稳定的图式时，人们就能建立起中心、方向、领域等基本的空间概念，进而建构出人在世界中定位的原点。舒尔茨阐述道，如果人们在一个需要不断移动的世界中生存，就无法得到稳定的场所体系，也就无法在日复一日的事件中感到安心。只有受到稳定的、结构化的世界的保护，人们才会感受到一致性，其智能才能获得自由和解放。实存空间拥有人们共同的基本图式，建筑性空间通过与之形成相同的型，并对反映个人观念与感情的个人世界以及排除特定价值观的科学世界进行反思，来实现具有共有价值体系的公共世界。

46　译自日文版『実存·空間·建築』（SD 选书、1973）。原文参见：
Existence, Space and Architecture, Praeger, 1971.

共　　同　　性

路易斯·康 Louis I. Kahn
《路易斯·康建筑文集》

当人们达成一致时，会获得一种共同的感觉。……
假如这种达成一致的感觉被认为能带来新的印象，
那将是多么地鼓舞人心啊。[pp.82–83]
人们那种想要学习的愿望使最初的学校规则得以
形成。这就是通过达成一致而产生的事物。……
人们的这种达成一致，包含了亲密关系的直接性
与充满灵感的力量。同时，这种达成一致的共同性，
或者说一致性，应当属于所有人都认同的人类的
生存方式。[p.84]
传统可以说是……能将人类本性抽象成金色尘埃
并将之记录下来的事物。这种金色尘埃在人们的
作品中会一直存在，对于能否预知共同性体验极
为重要。关于"共同性"这个词，我认为它就是沉
默的本质。……人们现在观看金字塔时所感受到
的就是沉默。[p.110][47]

在康的建筑文集中有一个词语——"共同性"
（commonality）。这个词语的含义虽然没有在书中明确
写出来，却能促使人思考建筑的本源。关于康所说的
共同性，正如香山寿夫在《建筑意匠十二讲》[48]中所写
的，"所谓建筑空间指的是赋予人类的共同体以具体
的形态"[p.18]，"其基本作用是培养并维护人与人之
间的关系"[p.18]，建筑是维持人类共同性的事物。康
使用"房间"（room）这个概念，指出"大房间中的活
动会带有共同性"[p.78]，"各个房间的共同体由带有
特性的多种要素交织而成"[p.80]，共同性存在于房间
这个亲密的空间单位内，以及房间的组合方式中。此
外，康也认为房间不仅存在于内部，也存在于外部，比
如街道上的"社区房间、房间连续体"[p.82]，街道是
城市中共同性最强的事物。再者，以学校为例，由于人
们都有学习的愿望，学校便被建造出来，不过现代学
校是根据设施规划的要求建设的。康指出这不是真正
意义上的社会公共机构，充满亲密与灵感的公共机构，
是由源于人们共同意愿的共同性所创造的。

47　译自日文版『ルイス・カーン建築論集』（SD 选書、2008）。

48　该书原版题为『建築意匠講義』（東京大学出版会、1996）；
　　中文版《建筑意匠十二讲》由宁晶译，中国建筑工业出版社
　　2006 年出版。

共 同 体

神代雄一郎
《共同体的崩塌——建筑师能做什么》

在反复的调查中，我们很惊讶地发现这些聚落拥有相同的规模和统一的组织。这些聚落的规模都是大约200户、1000人。并且在这200户中，大约每40～60户就会聚集到一起，形成一个小组。[pp.5-6]

当一边是过疏，一边是过密时，人们的精神就会逐渐颓丧。过疏使日本应有的聚集场所——社区发生解体，过密使市民的共同体意识开始扩散。一方面，被称作"老家"的令人怀念的故乡正在不断地消失；另一方面，被称作"城里"的令人神往的城市却在不断扩张与崩溃。我想，日本正在过疏化和过密化之中，逐渐走向彻底的崩塌。[p.50][49]

1965年神代雄一郎赴美国留学，在一年间走访了美国东海岸的众多城市。那时他意识到，"组成美国民主社会的基础单位"是"社群"（community）。像美国这样的民主社会，是"自下而上地、自然地"形成的[p.4]；相反，战败后的日本是被"自上而下"地建造起来的。为了探寻日本的社群，神代在"日本不值得信任"的环境下开始了对传统聚落的调研。这轮调研不仅涉及聚落的形象、形态，还通过对祭祀、产业的调查，发现在"200户、1000人"这样一个特定规模中存在着更小的"组"这一单位。这些组由于竞争关系而产生"聚落能量之源"，并带着"浓烈的共同体意识"聚集到一起，最终得以生存。由此，他提出一个重要主张，即一个聚落具有形成社群（community）的适宜的规模。另外，当时这类社群还面临着市镇化与乡村衰败的双重威胁，为此他还控诉道，"社群的溃败即日本的溃败"。在此之后，他发现日本乡村地区的开发中心被规划为5000人的规模，远超适宜规模的1000人。于是他提出"要强化社群，就要让它们分散"的观点，也就是说不能强行让人口聚集，而应将每个开发中心分成5组或6组，让"小而年轻化的组分散到每个社群当中去才是必要的"。同时，他还提出了一个疑问："建筑师到底能否设计聚落？"他自己对这一疑问的回答，成为之后他批判那些毫不考虑规模适宜性的巨大建筑的基本线索。

49　译自日文版『コミュニティの崩壊─建築家に何ができるか』（井上书院、1973）。

集 体 创 造 性

劳伦斯 · 哈普林 Lawrence Halprin
《过程：建筑（第 4 期）》

我为了深挖集体创造性的根源而开始了新的探索。……我们在主要于室外进行的"工作坊"（workshop）活动中寻找这种相互作用的原型。在这种"参与"（taking part）型工作坊中，人们能够发现和明确他们对自己、对社区所抱有的要求和希望。在 RSVP 循环的基础上，人们推进工作，互相表达意见，最终找到集合多种要素的创造方法。……我们想要明确以下两点，一是人与环境的共生原理是什么，二是人要如何努力把这种共生原理运用到自己身上。其中蕴含着一个希望，就是同生活在这种环境中的人们共同设计一种在生物学和感情上都能使人得到满足的人类生态系统。[p.9][50]

个人要参与社会问题就必须依靠集体的力量，而要使人们凝聚成集体来发挥力量，则必须调动个人的积极性。劳伦斯 · 哈普林把这种个人与集体的关系称为"集体创造性"（collective creativity），通过设计人们共同工作的过程，来引出这种集体创造性。具体的方法是"参与型工作坊"（taking part workshop），这种共同工作遵循包含 4 个过程的"RSVP 循环"：R 即"资源"（resource），揭示了被给予的条件；S 即"谱记"（score），是为促进自发的行动而向参与者提出的共同课题；V 即"评估"（valuation），指参与者通过沟通意见来评价、反馈和做决定；P 即"表现"（performance），指参与者各自根据谱记来采取实际行动。通过共享这 4 个过程，人们互相激励，从而形成集体，这个集体所发挥的能量超过每个人的生产力的总和。RSVP 循环并不是线性地进行的，有时"表现"可能会成为新的资源，有时则会有预想之外的展开，这些都是被允许的。在这个过程中，原先整体的一部分向自由的方向发展，形成新的整体，而这个整体又能影响到其他部分的发展方向，哈普林把这种有机的过程称为"整体论方法"，视其为探求人与环境共生原理的方法论。

---

50 译自日文原版『Process: Architecture No.4』（株式会社プロセス · アーキテクチュア、1978）。

街　　　　　　　　　道

芦原义信
《街道的美学》

尽管一幢一幢的各不相同，然而却采用了同样的技术和构造，整个街道具有整体感，并具有共同的价值。本来街道就是在这种共性基础上建立的，由于它而使人对街道或地区产生强烈的恋恋不舍的心情。

京都的町家直接面向街道，最外面采用了造型和功能都很好的木格子。

……由于这种格子，住宅和"外面"的街道即可联系起来，一方面保障了私密性，同时又可以保持亲密的近邻关系。……"外面"游戏的孩子们，在格子里面的母亲的控制范围内，开始学习"外面"进行的日常活动、扫除、植树、洒水，作为培养孩子们参加节日等活动的社会教育场所，这是很重要的。[pp.28–30][51]

芦原义信认为，街道是在漫长的"风土与人的互相联系"中形成的产物，"人们不能简单地改变街道的基本形式，也不能简单地改变居住方式，这就和不能改变自然条件、风土是同样的道理"[p.192]。芦原义信提出了一个基础的建筑领域概念，即地面、墙壁、顶面所围合的边界界定了"内部"和"外部"。西方城市中，从道路到住宅都被按照"外在秩序"来审视，创造出统一、优美的街道。而在日本的城市中，道路与住宅之间的界限感极强，人们对"内在秩序"的过分重视导致了自觉营造城市空间意识的缺失。他还指出，不必对标西方城镇的街道景观，而应该通过扩大人们认为属于"内部"的空间领域，包括自家门前的街道，来创造日本独特的街道景观。例如从前京都町家那种连续的街道景观，就是中和了建筑内外的空间秩序而创造出的一种范式。町家外墙的木格子，是在人口密居的背景下诞生的智慧产物。町家沿着街道反复出现，木格子既是单个建筑中的一个元素，同时也形成了城市的空间秩序。芦原义信认为要从头开始重建现代的城市空间十分困难，于是他提出了一些实践性策略，通过重复的现代独栋住宅来形成新的街道风景，例如以绿化代替过去的混凝土砌块围墙等。

51　引自中文版《街道的美学》（尹培桐译，百花文艺出版社，2006），页码为中文版页码。日文原版题为『街並みの美学』（岩波书店、1979）。

风　　　　　　　　　景

吕西安·克罗尔　Lucien Kroll
《构件——建筑是否需要工业化？》

我现在很谨慎地使用"风景"（〔英〕landscape，〔法〕paysage）这个词。人们在自己周围创造出了种种杂质，这些杂质是偶然的、连续的、不均匀的、本能的、隐秘的、呈点状聚合的、世俗的、无政府的（anarchy）、曲折的、逆行性的（retrograde）、高密度的、难解的。它们创造出了外部或内部空间，在这个意义上，我称其为"风景"。军队机构有着严明的规则和层级关系，所以无法创造出上述意义上的风景。……这与其说是一个工学问题，不如说是一个政治意义上的生态系统问题，这是本书想要重点讨论的问题之一。[pp.33–34]

我们对建设工业化的态度是"非合理主义的"（irrational），更贴切地说是"精神主义的"（moral）：如果工业化能生产出能被接受的建筑，便赞成它；如果提案破坏了社会或文化的文脉，使建筑无法与之共存，便反对它。我们也花了很长时间来寻找能理解这个观点的企业家。因为对于机械性地生

产出来的、仅保证面积的工业化建筑与人们需要的居住空间品质之间的差异，很多工厂企业家是不予理睬的。[p.88][52]

工业化促进了由标准规格的建材组合而成的建筑的发展，吕西安·克罗尔批评其为重视生产效率而忽视生活空间品质的产物。他一方面赞同自由组合带来的可能性，另一方面又将只能用预制品组合的单元化生产称为"军队秩序"，以此凸显工匠们具有的、可以根据现场状况来进行搭建的灵活性。生产系统带有巨大的束缚，加上建筑师的"自我中心式的欲望，……以及过多的美学考虑"[p.84]，使居住者难以亲自添加一点东西，也因此失去了大众的创造性这一丰富的资源。克罗尔相对化地看待力推生产合理性的产业体制及市场经济，在生产体系的效率性和匠人的手工业中寻求平衡点。他为了实现不排斥居住者的创造性的空间，构想了"工厂企业家"这一职能。在人们参与创造自己的居住环境的过程中，各种要素合在一起呈现出的景观被称为"风景"。

52　译自日文版『参加と複合—建築の未来とその構成要素』（住まいの図書館出版局、1990）。原文参见：Composants: Faut-il industrialiser l'architecture?, Socoréma, 1979.

后 卫 主 义

肯尼斯·弗兰姆普敦 Kenneth Frampton
《走向批判的地域主义——抵抗建筑学的六要点》

如果说今天的建筑是更加批判的实践，那只能基于建筑是"后卫主义"（arriére-garde）的立场，或者说从启蒙主义的进步神话，从回归工业化之前的建筑形态的反动且不切实际的运动中脱身而出时，才能够实现。……然而只有后卫主义才能一边慎重地使用普遍性技术，一边又能发展抵抗的文化或可辨识的文化。[p.47]

地势与光线在这种批判中很重要，建筑自律性的第一原理存在于结构学之中，而不是风景配置物。也就是说，这种自律性存在于使可见的建筑中的连接点——结构的句法（syntax）形式清晰地抵抗重力作用的方法之中。[p.59][53]

弗兰姆普敦指出，从20世纪初登场的未来派，到20世纪20年代现代建筑运动巅峰时期的前卫建筑，都作为社会发展的旗帜充分发挥了自身的力量，然而30年代之后社会面临经济危机，战争中以兵器作为象征的技术与社会之间的"乌托邦式的约定"遭到了背叛，逐渐脱离了解放运动。另外，作为反动的一方出现的后现代建筑主张反映近代以前的东西，弗兰姆普敦认为其只是单纯的风景配置，对社会的批判性实践不够充分。为了消除这个矛盾，他提出了"后卫主义"的立场。这个立场不是单纯地带有保守性，也不是将普遍性技术作为全球化的表象加以排斥，而是用符号的方式来复苏地域固有形态的朴素尝试，并与前两者形成区别。换言之，无论是技术的普遍性还是建筑要素的地域性，都未被限制在技术的范畴之中，而是处于一种探索事物之间固有组合方式的立场，弗兰姆普敦将这种建筑手法称为"建构"（tectonic）。他认为，建构就是在建造只回应物质需求的构筑物时，将它们向艺术性形态提升的行为。并且"建构"不是用其他要素（比如立面）彻底掩盖各部分结构对建筑进行的再现（representation），而是应该通过结构本身来进行表现（presentation）。相较于这种形态上的视觉效果，更重视具体物件的视觉性感受的建筑表现被弗兰姆普敦称为"批判的地域主义"，它是一种使个别场所的特色与普遍文明之间达成和解的文化策略。

53　译自日文版（「批判的な地域主義に向けて—抵抗の建築に関する六つの考察」『反美学—ポストモダンの諸相』、勁草書房、1998）。原文参见："Towards a Critical Regionalism: Six Points for an Architecture of Resistance," in Hal Foster (ed.), *The Anti-Aesthetic: Essays on Postmodern Culture*, Bay Press, 1983.

室 外 空 间 的 活 动

扬·盖尔 Jan Gehls
《交往与空间》

社会性活动指的是在公共空间中有赖于他人参与的各种活动，包括儿童游戏、互相打招呼、交谈、各类公共活动以及最广泛的社会活动——被动式接触，即仅以视听来感受他人。[p.4]

室外空间生活是一种潜在的自我强化的过程。当有人开始做某一件事时，别的人就会表示出一种明显的参与倾向，要么亲自加入，要么体会一下别人正在进行的工作。这样，每个人、每项活动都能影响、激发别的人和事。一旦这一过程开始，整体的活动几乎总是比最初进行的单项活动的总和更广泛、更丰富。[p.65]

功能完善的城市区域为人们小坐创造了许多条件 [p.144（标题）]

只有创造良好的条件让人们安坐下来，才可能有较长时间的逗留。……良好的座椅布局与设计是公共空间中富有吸引力的许多活动的前提，如小吃、阅读、打盹、编织、下棋、晒太阳、看人、交谈

等等。这些活动对于城市和居住区中公共空间的质量是至为关键的。[p.144][54]

扬·盖尔将人们的室外活动分成3类：目的明确的"必要性活动"，拥有参加的愿望且时间、场所允许的情况下参加的"自发性活动"，以及公共空间中以他人的存在为前提的"社会性活动"。书中写道，自发性活动与社会性活动受物质环境条件影响很大，建筑师虽然无法直接控制人们的活动，但可以通过环境的营造来左右活动潜在的性质。这种方法的核心是人的身体与环境的关系。例如"逗留"的行为发生在空间的"边缘"，身体更青睐凹处或有可依靠物的场所。"小坐"的行为发生在能看清周围的同时自己的背后有安全感的场所，重视"朝向与视野"。不仅是长椅上，台阶上、雕塑边也会成为能坐下的场所，使得街道充满活力。"交谈"的行为倾向于发生在隔绝汽车噪音且能听到人的声音的场所。而坐着交谈的话，不仅可以"背对背"或"面对面"，"直角"关系还能使人更顺畅地加入或退出谈话。通过创造能巧妙地引导出人们的共有行为的环境，可以使街道更具有生气。

54　引自中文版《交往与空间》（何人可译，中国建筑工业出版社，1992），页码为中文版页码。原文参见：*Life Between Buildings: Using Public Space*, Van Nostrand Reinhold, 1987. 日文版为『建築のあいだのアクティビティ』（SD 选书，2011），是『屋外空間の生活とデザイン』（1990）的修订版。

整　体　性

克里斯托弗·亚历山大 Christopher Alexander
《城市设计新理论》

当我们观察过去的最美丽的城镇时，我们总是对它们的某种有机感留下深刻印象。这种"有机"感不是一种与生物形式相联系的模糊感觉，也不是一种类比。相反，它是对这些古老城镇过去和现在都具有的明确结构特征的一种准确洞察，即每个城镇都是按照自身的整体法则发展起来的。[pp.1–2]

第一，整体化是渐进的，一步一步进行的。

第二，整体化是不可预测的。……因为只有这种整体性生长的相互作用，以及整体化的自身法则，才能显现出它的延续性和最终结果。

第三，整体化是……真正完整的，而不是支离破碎的。它的各个部分也是完整的。

第四，整体化总是富于感情的。这是因为整体化本身与我们密不可分，接触我们的灵魂深处，对我们有着极大的震撼力，催人泪下，兴奋无比。[pp.11–12][55]

亚历山大在数本著作中，都提到从有生机的建筑和城市所具有的特质中提炼出系统或类型，并在创造这种特质时，使它扩大到任何人都能参与的范畴。在本书中，他将真实的旧金山作为基地，使用已为人熟悉的建筑语言来模拟城市的发展，并在其中提出了整体化的思考方式。亚历山大称，现代城市中的人有各种各样的立场，他们带着不同的目的，宛如大杂烩，这也许"是高度民主的，……表达了人类欲求的丰富多彩"[p.18]，却"没有合理的方法确定这种大杂烩内部的不同目标各自的权重"[p.18]，那么建设的义务就是创造出整体化的结构。在实现整体化的过程中，每一项建设都需要根据与周围的关系形成一个更大的整体，参与进来的成员通过不断地意识到整体，自然而然地生成一种相互关联的结构。具体来说，为了实现整体化，亚历山大提出了7个调和法则：①渐进发展；②较大整体的发展；③构想；④积极的城市空间；⑤大型建筑物内部的布局；⑥施工；⑦中心的形成。作为目标的整体化类似于一种生命系统，其中某些部分在长期的自我参照过程中持续地修复，并且每个部分都拥有各自的中心。

55　引自中文版《城市设计新理论》（陈治业、童丽萍译，知识产权出版社，2002），页码为中文版页码。原文参见：*A New Theory of Urban Design*, Oxford University Press, 1987. 日文版为『まちづくりの新しい理論』（SD 选书、1989）。

城 市 的 故 事

弗朗西斯·爱丽丝 Francis Alÿs
《弗朗西斯·爱丽丝》

最初让我产生放弃建筑工作去四处走访的冲动
的，不是在城市中增加新的东西，而是去吸收一
些已有的事物，比如处理城市的废墟，或者裂缝、
空隙等空间。在墨西哥城这样的大城市，每天都
会有一些庞然大物被生产出来，要对这种已趋于
饱和的状态继续做加法，似乎是不太合理的。因
此，我选择将故事性而非物品植入城市中。这就
是我处理场所的独特方式，即便它只会影响那个
场所延续下来的历史中的一个极小瞬间。……如
果这个故事在合适的场所和时机上回应了社会的
期待或关切，那它就是使事件富有生命力的有效
手段。[p.25][56]

爱丽丝在建筑专业毕业后前往墨西哥，以艺术家的身
份创作了许多关注人的集体性行为的作品。《睡眠者》
(Sleepers)是一组摄影作品，爱丽丝以睡眠者匍匐于地
面的视角，拍摄了睡在墨西哥城路边的人和狗。这些
照片中，睡眠者们以夸张的毫无防备的睡相占据着广
场的正中、家门前的台阶、长椅等各式各样的场所。爱
丽丝借此使观众意识到，在睡眠这个行为中，人与动
物并没有差别。《宪法广场上时间的流逝》(Time Lapse,
Zocalo)是在一天内从俯瞰视角对墨西哥城的宪法广
场进行连续拍摄的作品。在边长超过200米的接近正
方形的巨大广场中，除了位于中央的纪念墨西哥独立
的巨大国旗外，再没有其他能产生影子的事物。世界
各地的人们普遍有在烈日下寻求荫蔽的习惯，在宪法
广场上，人们根据影子形状而采取的姿势都格外奇
特。这些按一定频率拍摄的连续照片记录了太阳的东
升西落、国旗影子如日晷一般随时间的旋转，以及人
群为追逐影子而随之不断变化的行为，尤为有趣的是，
他们并未特意商量却自发地排成一列。爱丽丝从城市
已有事物的关系中发现了"生成"这个特质。人、狗、
影子、太阳，以及马路、广场等通常不属于同一范畴的
事物，都通过移动而互相呼应，爱丽丝称之为"城市
的故事"，将其以幽默的方式展现了出来。

56　译自日文译文。原文参见：*Francis Alÿs*, Russell Ferguson, Jean
　　Fisher & Cuauhtémoc Medina, Francis Alÿs, Russell Ferguson & Jean
　　Fisher (eds.), Phaidon Press, 2007.

滑　　　　　　　　板

伊恩·博登　Iain Borden
《滑板、空间、城市——身体与建筑》

玩滑板的人，不把建筑看成是一个立体的整体物，而是将其看作浮游、分离的元素的集合。建筑师虽然声称考虑了建筑的使用者，实际上优先考虑的却是空间和设计，而身体只是被转化成数据来对待。与此相对，玩滑板者所具有的表现性的身体，拥有"迅速熟悉和融入周围环境，并根据所需作出取舍"的能力，能以自己的尺度"再生产"建筑，将其再编成表面、材质、微观物的集合体。[p.277] 城市中所有的建筑和空间都充满了物品交换与交易的机会，如同亨利·列斐伏尔所说，"交换价值强烈地支配了使用行为及其价值，也因此或多或少抑制了使用价值"。而玩滑板者所否定的正是这种对交换媒介的关注。抽象空间的管理者和拥有者希望社会只关注商品的生产、交换和消费，玩滑板者则通过占领那些店铺与办公楼的外部空间来撇清自己与上述过程的关系，反而为那些"交换的场所"注入了本不存在的使用价值。[p.309][57]

博登论述了玩滑板者如何将根据宏观规划原理来设计的城市空间解体、转化成充满创造力的其他空间，并强调了身体在其中的重要性。玩滑板者将堤坝、排水沟、泳池等当作玩滑板的场地，"身体"(主体)借由带轮子的滑板(道具)这个媒介，将城市空间解体成"地形"(客体)元素，同时也创造出另一种空间。"身体"与"道具"、"身体"与"地形"的这种主体与客体的关系被瓦解，它们互相作用，重新构筑出循环的空间，博登称之为"超建筑空间"。在这里，被生产的并非物品，而是游戏；空间的功能并非交换，而是使用；空间也不再"被拥有"，而是被"转化和使用"。博登认为，正是滑板所具有的这种游戏性，使其对受资本主义经济制度支配的城市架构具有政治批判性。

57　译自日文版『スケートボーディング、空間、都市—身体と建築』(新曜社、2006)。原文参见：*Skateboarding, Space and the City: Architecture and the Body*, Berg Publishers, 2001.

脆　　　弱　　　性

篠原雅武
《公共空间的政治理论》

脆弱性（vulnerability）有两层含义。一是指与他人维系关系的纽带不是永久性的，可能会因为不确定因素而解体。而通过纽带维系的人之间也可能常常互相伤害，因此脆弱性也包含了这种受伤的状态。……脆弱性无法被克服，也无法被消除。所以，要通过帮助和关照等相互之间的扶持来缓和它，注意不让其转化成攻击性和过度伤害。这才是脆弱性所要求的政治。[pp.201–202]

正因为有间隙，才有了政治行为的可能性。……政治行为……可以是看似相当微不足道的，它源自人们每天都在进行的、制造间隙的行为。[p.207]⁵⁸

汉娜·阿伦特主张公共空间的成立必须要划清公与私的界线，而安东尼奥·内格里（Antonio Negri）和迈克尔·哈尔特（Michael Hardt）则警告说，随着公共空间逐渐私有化，这个界线将逐渐消失。特别是随着购物中心、高速道路、封闭式社区等私有化现象日益显著，公共空间逐渐变成了封闭的空间。在这个过程中，"人们被强制过怎样的生活"[p.182]，"是否还有公共空间存在的余地"[p.182]是篠原雅武探讨的问题。篠原特别举了封闭式社区这个例子，它们打着安全安心的口号将"恐怖、不快、不确定"都排除在外，由外墙划出的界线起到了"净化"作用。但与此同时，正因为被划分了"界线"，其内部反而会滋生没有具体缘由的恐惧。这种"防范"是为了抑制日常生活中无法预测的突发事件，从而维持"不变"的状态，但也因此使"生活方式受到控制"，并"被重新塑造成了被重重警备措施所包围的样子"[p.198]，这是十分危险的。在这里，篠原关注了"脆弱性"这个议题。脆弱性具有双重含义："与他人共存的状态中，并非只存在相互帮助和理解，也会有互相伤害"[p.201]。而处在与他人的相互联系中，则需要"共享这条具有不确定性与两面性的纽带，共同生活下去"[p.202]。为此他指出，有必要停下来去感受"难以忍受的东西"[p.205]，将"不可见的东西"挑明[p.206]，并发现身边那些尚未湮灭的"间隙"。

58　译自日文原版『公共空間の政治理論』（人文書院、2007）。

戴维·哈维　David Harvey
《叛逆的城市：从城市权利到城市革命》

共同物（common），不应只被解释为某种特殊的事物、资产或社会过程，而应该被解释成不安定的、可变的社会关系。这个关系中，一方是有着自我约束的各种特定的社会团体，另一方则是现有的（或即将产生的）社会环境、物质环境中，与该团体的生存息息相关的重要方面。那里存在着共同化（commoning）这一社会实践。这一实践生产并确立了与某种共同物的社会关系，这种共同物可以只被一个社会团体使用，也可以向多样的人群部分或完全开放。共同化实践的中心原则是，社会团体与所处环境中各类共同物的关系是集体性且非商品性的，即脱离了市场交换和市场评估的框架。[p.132]⁵⁹

哈维把由团体生产的具有空间价值的事物称为"共同物"（common）。城市的氛围与魅力是市民团体的产物，所以是一种共同物。封闭式小区这类被管理着的空间，因为关系到大家共同的利害，也是一种共同物。这个模糊的概念的立足点并非"广场"这种物理环境或"共同体"这种社会团体，而是它们两者的"关系"。也就是说，如果某个环境中出现了某种"共同物"，那么懂得其价值的人们肯定已经形成了某种社会团体。从这个角度来看，生活着各式各样的人的城市空间其实是多个共同物的叠加。换言之，对环境的不同价值观产生了各种社会团体，而城市空间可以理解为这些社会团体的叠加。通过这个词，哈维也表达了这样的观点，即城市是各种共同化进行对抗的场所，它从根本上就包含了斗争，并且在很多情况下，有资本主义价值观取向的社会团体会赢得胜利。哈维指出，虽然一个环境可以被多个社会团体共同化，但资本带来的共同化却排斥着其他社会团体，作为对此的反抗，"非商品性"的共同化非常重要。

59　译自日文版『反乱する都市—資本のアーバナイゼーションと都市の再創造』（作品社、2013）。原文参见：*Rebel Cities: From the Right to the City to the Urban Revolution*, Verso, 2012. 中文版题为《叛逆的城市：从城市权利到城市革命》（叶齐茂译，商务印书馆，2014）。

6

共有性会议

篠原雅武 塚本由晴

空间、个体与全体
——面向共有性

战后建筑、城市与空间

塚本由晴　我虽然平日里设计的私人住宅项目不少，但从学生时代开始我就对城市空间本身抱有极大关注，出版了《东京制造》[60]这本书，借着调研建筑物立面的契机，考察了东京的街巷，并一直持续进行着对城市空间的研究。的确，如果用欧洲式的价值观去看那些建筑物，会有些难以理解。在思考"个体-住宅-城市"这个关系的过程中，我感到了"个体"这一概念所具

60　该书中文版名为《东京制造：Made in Tokyo》，林建华译，田园城市出版社 2007 年出版。日文原版名为『メイド・イン・トーキョー』（鹿岛出版会、2001）。

贝岛桃代、黑田润三、塚本由晴《东京制造》

有的顽固性，以及其自我框定的存在方式，而我则是更加倾向于通过与之相反的方式形成的那些空间和场所，这是我想要实现的那种建筑设计的感觉。

日本的当代建筑之所以获得来自世界的极高评价，我认为是由于近代以后建设活动的兴盛，以及在此之前就培育起来的丰富的建筑文化。曾经作为主流的木结构建筑由于寿命较短，其反复的更新成为城市形成的前提，这正是近代以后建筑活动兴盛的背景之一。其次，东京遭受了1923年关东大地震、1945年大空袭等前所未有的城市破坏，城市复兴成为城市建设的基础。此外，在 20 世纪 60 年代以后的经济高速成长期，之前在战争中幸存下来的建筑也在城市开发的影响下遭受破坏。1964 年东京奥运会时建设的首都高架道路等基础设施也成为现在整个城市空间确立的基础。

对于这样的建设活动，政策方面虽然制定了防火、抗震、日照、上下水等性能方面的标准、规范，却未直接干预建筑的形式和样式，而是将其交由个体和私人来确定。特别是第二次世界大战后日本全国整体经济疲软，加之处于联合国军占领的状态之下，政府无法实行大胆的城市规划，就优先为那些能够自给自足的人群创造便于自行建设房屋的环境。我认为这种城市

（左）篠原雅武（右）塚本由晴

规划的新自由主义便是当今城市与建筑关系的起点。土地的所有者们只要不触及法规，便可以建设他们所能设想的任何建筑物。在这种框架之中，蓬勃的建设活动成为了经济发展的后盾。另外，住宅金融公库与建筑审批关联制度的建立，使个人住宅作为建筑的最小单元被大量生产，建筑师设计私人住宅成为理所当然的事，中产阶级也能住进建筑师设计的作品中，并且这种情况越来越普遍。这里作为一种实验场，涌现出形形色色个性迥异的建筑师。当然也有像丹下健三这样的精英建筑师参与城市规划和主持大型国家项目，但我认为如果没有住宅建筑和私人建筑的微型化尝试，就不会诞生如今在世界上也占有一席之地的日本当代建筑。

面向"个体"的20世纪70年代——形式主义、永恒性与去语境化

塚本 但是，进入70年代以后，时代的氛围开始转变。我认为，第二次世界大战后的20年，"建筑"作为构建新民主主义社会的手段，被建筑师所信奉，被政府所期待，一般人也试图与之产生共鸣。"新陈代谢派"正是在这个时期登场的青年才俊。然而，以1970年的大阪世博会为界，建设产业开始向官僚主义倾斜——我觉得官僚开始保守化也是原因之一——建筑师的技术官员角色开始被强化。与之相对，受到60年代后半期学生运动等的影响，一部分建筑师开始立足于"个体"，去探索建筑的存在方式。特别是矶崎新和篠原一男，在对社会持乐观态度的前提下，两者的建筑表现出强烈的批判意识。他们将形式主义作为这些思想的支撑，用来反推建筑内在的语言与文化构成。他们以"个体"的姿态制造对立，并将个体的冲动与建筑表现的自

律性合二为一。他们所标榜的，是不为一时的经济热潮或国家建设机遇所左右的、去语境化的、超越时间的建筑价值。

矶崎新的"从城市撤退"[61]观点基于在洛杉矶的城市体验，提出城市与建筑是否已不可能形成共通点、欧洲式的城市概念是否已然不成立等问题，并在这个背景下，声称要创造一种将建筑从城市分离出去且直接面向人的个体存在的空间。此外，原本数学专业出身，之后转学至东京工业大学开始学习建筑的篠原一男，师从以私人住宅为主要创作方向的清家清，并以私人住宅设计出道。

由此，建筑实践的依据开始从共同体和国家转向个人。与此同时，建筑师的个性以及原创性开始被重视。虽然世界各地或多或少有类似的发展轨迹，但在拥有大量私人住宅的日本和美国，这样的轨迹尤为清晰，并且在日本一直维持至今。矶崎新和篠原一男之间共同的形式主义和去语境化，及以"个体"为依据的假说在很大程度上影响了下一个时代。但在20世纪80年代后半期的泡沫经济时期，受消费社会的影响，也可以说是由于以个体为依据的假说被大众化了，建筑作品被单纯的差异游戏所吞噬。这种状况并不仅

局限于建筑师的作品，甚至也波及了普通的民宅。随着建筑技术日趋合理化，以及无需维护的新型建材的开发，建筑在建造时的选择范围爆发式地增加。这也导致一栋栋精心设计的住宅聚集在一起，却形成了杂乱无章、犹如贫民窟一般无法描述的城市空间。为什么会发生这样的情况？我从学生时代开始就一直抱有这样的疑问。

我是在坂本一成的研究室学习建筑的，他是篠原一男的学生，所以研究室里的学生自然而然也对篠原一男十分关注，尤其是他在建筑表现和言论上的演变。但另一方面，研究室中也有人对此持有疑问，比如以个体为依据所进行的建筑创作是否快到极限了。坂本老师也有"作为环境的建筑""建筑的构成"，或是"建筑的社会性"等言论，这些其实也反映了相同的疑问。我的学生时代就是在这样的环境中度过的，那时我就开始思考如何脱离、转化这种去语境化和以个体为依据的假说。

从共有性的角度
重新思考公共空间

塚本 单纯就建筑的类型来看，丹下健三的国家级建筑和篠原一男的私人住宅作品可以看成

---

61 该观点载于文章《看不见的都市》（「見えない都市」、『展望』1967年11月号、筑摩書房）。

是"公共-个体"或是"公有-私有"这种具有相对性的归纳。不过，我自己现在思考建筑的可能性时，着眼的是这两者之外的"共有性"。建筑物通过复制和堆积而形成的整体风貌，以及建筑之间形成的城市公共空间等，姑且都可以算作支撑这种思考的建筑类型。我受到坂本老师有关"建筑构成"研究的熏陶，从建筑内在的构成原理以及物质性存在方式的角度来思考建筑，并在方法上继承了坂本老师的去语境化。但由此浮现出的那种言语上及文化上的建筑结构却并不像20世纪70年代那一代建筑师那样与个体相联系，而是在与共有性的关联中呈现出当代建筑的可能性。并且，通过"构成"可以看到建筑并不是孤立的，而是充满了与各种事物产生联系的可能性。用与刚才类似的话来说，就是将语境化及共有性作为依据。

我和篠原雅武产生的交集，源于近代日本与建筑师息息相关的公共空间问题，我认为这些公共空间基本上都没有很好地发挥作用。例如设计市政厅时生搬硬套"广场"的概念，在建筑前设计一大块空荡荡的地方。这样的案例在日本屡见不鲜，但实际上真正充满活力的案例却少之又少，因为"广场"并不是这样造就的。近代以来传入日本的广场在谱系上是欧洲的产物。在欧洲，一个地区的中心会有一座教堂，同属一个共同体的人便会集结于此，两边商铺林立，外来的访客也络绎不绝。正因为有这样的城市，有这样的一系列关联，广场才得以成立。从结果上来看，在这些关系中所诞生的广场的确象征了整个共同体，但像这种一下子从天而降的、空无一人的广场，是无法产生共同体的。所以，即使在战后引入了象征民主主义的场所——广场，它们也无法被充满活力地使用。脱离了与使用者的行为之间的关联，广场是无法成立的。

行为是某个社会和文化中人们共有的东西，没有"自己的"或"他人的"之分，无法为一个人独占。这不正是共有性的所属领域吗？我认为现在设计的广场都缺乏一种对行为及共有性的考虑。换言之，我认为在引入行为的概念后，那些空有描述却名不副实的公共空间，便有希望变得更加具体，更容易被感受到。

我所说的共有性与您的《公共空间的政治理论》（参见本书第167页）一书中的"间隙"这一概念很接近。如果没有非公共、非个体的"间隙"的存在，那么公共也好，个体也罢，都将无法成立。日本的社会哲学界实际上是如何看待公共空间的呢？

篠原雅武 斋藤纯一在《公共性》[62]一书中提到，在日本，公共性这个概念是在 20 世纪 90 年代左右开始常常被提起的。20 世纪 60—70 年代的"公共"还只是"公共福祉"的意思。当时"公共福祉"的领域是一个可见的存在，而扰乱其秩序的行为则被称为"扰乱公共福祉"。也就是说，公共就等同于国家，与私人是对立的关系。之后，支撑整个 80 年代的个人主义遭到了反对。到了 90 年代左右，"公共性"一词开始作为积极的概念在普通人的生活中流传开来。在这股从"私有"的封闭状态中脱逸出来、奔向外部的风潮之中，与之相匹配的"公共性"一词也被广泛使用。1995 年的阪神淡路大地震之后，志愿者开始活跃在公众视野中，非营利组织（NPO）也变得离人们很近。这时的"公共性"开始指向一种相较于国家而言更为独立的领域——国家与市民的中间领域。但这样的理解，只是受当时的社会风气（大家都觉得志愿者活动是很了不起的）影响的感性认识，其蕴含的更加缜密的含义其实并没有被真正理解。有人将"公共性"理解成对国家的批判，也有人将其理解成一种对国民事务的亲近感，比如"公共心"这种说法就是很典型的例子。我感觉有必要亲自来清晰

地定义这种广为人知却又含义暧昧的"公共"，因此写了《公共空间的政治理论》。这本书是以汉娜·阿伦特的思想为基础来写的。我大学时代的老师认为，阿伦特所说的"公共性"并非指国家、非营利组织或公共心那种抽象暧昧的事物，而是必须回归到具有空间性的事物上来。我的老师是经济学家，同时也对建筑抱有很大兴趣，所以在我本科学习阶段他就告诉我需要参考建筑理论来思考公共性，也就是说，要理解公共性所具有的空间性，并将其理论化。但在人文社科的学术领域中，只有极少数人从这样的视角去研究公共性（即使现在也是这样）。2000年时我的工作就是围绕这个问题进行艰苦奋战。事实上，当时对于城市风貌的改善再度兴起，充分让人感受到作为空间性事物的公共性所面临的危机，我就以这一危机为背景，开始了对公共性的研究。经过那段时期，现在再翻开《东京制造》，会觉得当时那样的风景也挺令人怀念，但也感到我们经历了巨大的变化。

塚本 《东京制造》里的案例都是以泡沫时期建筑的违和感为出发点进行整理的。虽然是 20世纪 90 年代搜集的，但多为 60—70 年代间的产物。那些案例的有趣之处在于，城市中的人们在本地的空间实践中毫不理会任何学术理论，从

---

62 该书尚未有中文版，日文原版名为『公共性』（岩波书店、2000）。

而使空间产生了强烈的真实感。

篠原 2000年开始的城市开发以商场和高层住宅为典型代表，它们追求与周围环境相隔绝的、纯粹的空间。迈克·戴维斯（Mike Davis）在《布满贫民窟的星球》[63]的第五章中描述了这样的景象：伴随着贫民窟的逐渐蔓延，高度安全的封闭空间被不断创造出来。与之相似的情况也发生在了日本。而《东京制造》中那些各式空间混杂的存在关系也随之瓦解。2013年在大阪梅

63　该书原版名为 *Planet of Slums*（Verso，2006）。中文版由潘纯琳译，中信出版社2017年出版。日文版为『スラムの惑星』（酒井隆史＋篠原雅武＋丸山里美訳、明石書店、2010）。

迈克·戴维斯《布满贫民窟的星球》

田站前建成的巨大综合体"Grand Front大阪"，就是一个在日本各地随处可见的商场的巨型版，一个专门为消费行为设计的空间。去到那里的第一感觉就是"吵"，走廊也好，扶梯也罢，建筑里到处是刺激消费心理的音乐声。如果不是抱着消费目的，只是想要走进去看看书店里的新书，会一下子感觉好累，似乎要被强制着去消费一般。

具有空间性的公共性

塚本 是那种想要烘托气氛的声音吧（笑）。如您所说，把公共性理解成带有具体空间性的事物是十分重要的。那么没有空间性的公共性与具有空间性的公共性，这两者到底有什么区别呢？

篠原 像公共心或志愿者精神那种基于对共同体依恋而建立的公共性，不一定会考虑到具有空间性的公共性。那是一种精神论上的公共性。20世纪90年代日本多数非营利组织的理论和活动，就是奠定在那样的公共性的基础上。因为它们是精神论的，所以就十分重视道德伦理，因此也是共同体主义的（communitarian），甚至对民族主义（nationalism）也具有亲和力。

"Grand Front 大阪"（2013）

但是公共性真的能作为精神论的产物而成立吗？我认为即使没有那种依据道德、公共心而产生的相同价值观，公共性也应该可以成立。这种想法也与您对于"行为"的关注相呼应。阿伦特也谈到公共空间是由公共活动产生的。这里的公共活动（action）并不局限于投票、游行等政治性活动，也包含日常性的细小行为，例如，在咖啡店攀谈，在公园与孩子嬉戏，在车站边等人边聊天，等等。所谓公共性，伴随着这些活动发生的场所产生的空间性。中国电影导演贾樟柯在电影《公共场所》（In Public, 2001）中所捕捉的也是那些日常的、细微的活动，这些零散的活动通过交织和共鸣，形成了某种空间般的东西，贾樟柯称之为"公共场所"（public）。

这样的空间，阿伦特也称之为"显现空间"，"即我像他人显现给我那样对他人显现的地方，在那里人们不仅像其他有生命或无生命物一样存在，而且清晰地显现自身"[64]。也就是当活动可以被看见和感觉到时，在其显现的地方形成的空间就是"显现空间"。人们的行为、举止、呼吸和眼神在彼此之间被共有、重叠，形成了空间般的东西。这种空间中的互动与互联网上的不同。在显现空间中，想说什么、想做什么都要顾及其

他人的表情、举止，而在互联网上则可以肆无忌惮地发言。互联网这个网络世界的确立，反而使显现空间中的行为及顾虑的重要性变得更为突出。比如在咖啡店聊天，随着讨论的激烈化，公共的空间性也就展现出来了。反之，即使物理上的公共空间——建筑空间十分完备（如您先前所说的"空荡荡的空间"），如果没有人积极活跃地活动，那也只能是一个不公共的、死气沉沉的空间。活动的活跃程度与空间的公共性程度是有很大关系的，所以必须重新思考公共性。这里要补充一点，活跃的讨论不一定要人声鼎沸，也可以是平和的。也有那种能包容沉默和静谧的思考空间，那种在沉默中侧耳倾听的空间。当许多将自己封闭在"个体"或"私人"状态中的人聚集到一起时，空间里充满大家各自的声音，它们究竟能否被称作公共空间呢？关于这点可能还需要更加细致的探讨。

亨利·列斐伏尔在《空间的生产》中提到了身体的空间实践，即通过身体使空间产生。他认为，空间不仅仅意味着一种与人的身体相割裂的、以客体形式存在的物理上的延伸。人拥有空间，使空间具有生命，让空间得以产生。多木浩二在《能够生活的家》一书中继承了莫里斯·梅洛-庞蒂（Maurice Merleau-Ponty）的思想，他论述道，"无论多老多破旧的家，只

64　引自中文版《人的境况》。该书详细信息请见本书第 142 页。

要住着人就不会失去那种不可思议的生命感"，"家不仅是一个构筑物，也是能够生活的空间，能够生活的时间"[65]。借用列斐伏尔的观点，这些论述所指的就是那些在与人的身体密切连结的地方产生的空间，建筑师的责任可能就是将其不断活化，用适当的方式组织起来，使其长时间地存续。

塚本 既然身体占有一个具体的场所，那么身体就是一个跟空间密不可分的概念。如果从建筑的角度来考虑空间，比如偏向几何学秩序的形式主义，其原理中就不包含身体，那样就会创造出一个与外部没有呼应的世界。但实际上我们的经验和我们创造的建筑都远超出了一个封闭的世界。毫无疑问，好的建筑一定细致地考虑了身体性和行为，以及作为行为对象的物的行为。不过一旦要将建筑理论化，就常常将难以整合的身体性及行为排除在外。

在当今的日本，相比路边发生的那些行为，被建造起来的住宅是如此缺乏想象力。走在路边，因为窗户很小，所以无法看到家里在发生些什么。过去，人们不清楚自己所居住的城市中的那些建筑形式，只能从地产商提供的那些选项中进行挑选，由此建起了一些零零散散的住宅。于是很多人说，空间有必要连接个体与个体。这里说的"个体"既可以是家中的独立房间，也可以是单独的一栋住宅。这个说法设定了一个潜在的前提，就是将"个体"这个单位视为不可动摇的，然而"个体"其实也是在历史中逐渐形成的。特别是现代化的进程给住居空间带来的变化，对"个体"这一概念的形成具有很大的影响。为了改善传统民居的田字型平面，以及极其局促的长屋中的生活，战后的住宅经历了食寝分离、确保个人空间等变迁。虽然现在的居住空间确实是经过多个历史阶段演变而来的，但这真的是居住的最终形式吗？对此我一直抱有疑问。很多人对源于空间单位的个体的表象深信不疑，但我认为其中是隐藏着危机的。如果以狭小的房间来保证个体，再以房间之间的交通空间来保证共同体，这样虽然既容易计算又容易理解，但仅仅模拟了"社会是个体的总和"这一模式，却没有显示出具有空间性质的共有性。不过行为原本也是具有社会性的，假如现在回过头再去看20世纪50年代的日本电影，就会惊讶于里面人物的日常起居等行为跟现在的日本人有着很大的差别。

65　译自日文原版『生きられた家』（岩波现代文库、2001、p.3）。

篠原 电影《化铁炉林立的街》[66]里，主演吉永小百合居住的家里就没有独立的房间，婴儿也好，失业的父亲也好，大家都混居在同一个房间，因此彼此之间也不得不共有一些行为。

塚本 但也不是要赞美那个时代，第二次世界大战战后确立个体的诉求并非毫无意义，问题在于个体的确立使得人们之间天然的纽带消失了。这个问题必须要重新审视。我也以重新审视这个问题为契机，把目光锁定在了行为上。但麻烦的是，个体被确立的时候恰好赶上经济增长以及资本主义扩张的时期，于是一个坚固的社会体系被建立起来，将人们分离成一个个的个体。

灵活性与城市文明的危机

篠原 原来如此。我一直在思考关于不可动摇的个体以及由此带来的痛苦的问题。我是在神奈川县的一个新城住宅区中长大的，家里由一个个独立的房间组成。连接起住户与住户的走廊和楼梯、住宅区与住宅区间的公园与街道等空间，很难说是令人感到舒适的。正是因为这里的家庭是核心家庭，家庭成员是拥有独立房间

的个人，使得公共性、共有性难以成立。反复经历这样的事以后，我逐渐想到，痛苦可能是因为个体的确立导致了公共空间的衰退。

格雷戈里·贝特森（Gregory Bateson）在他的论文《都市文明的生态与灵活性》中，用"灵活性"的概念来分析城市文明的危机：随着城市开发的推进，灵活性逐渐消失。灵活性指的是"没有偏向任何方向的潜在可变性"[p.658][67]。为了短期利益而一味进行的开发，使得我们生活空间中的灵活性消失殆尽。刚才举的商场的例子，就是一种以促进消费为目的、孤立而程序化的产物。无论面积多大，它只是一个适合每个人封闭起来进行消费的私人空间，您提到"共有性被排除在外"，也可以说是一种灵活性的缺失。那里一味地提供一种死板的伪公共空间环境，却不具备容纳消费之外的行为的灵活性。

塚本 2001年我给研究生上课时，问起学生："你能想到的涉谷附近的公共空间是哪里？"学生们举的例子基本都是百货大楼、中央商店街或卡拉OK店等商业空间。这些经过设定的空间在消费行为的介入下被人们使用，是缺乏灵活性的，所以也很难想出利用和改变公共空间的好点子。

66　原名为『キューポラのある街』（浦山桐郎监督、1962）。

67　本文日文版题为「都市文明のエコロジーと柔軟性」，收录于『精神の生態学』（思索社、1986），此处页码为该日文版页码。

为了研究涉谷的公共空间与欧洲的标准有多大差距，我们调查了设置这些场所的理由，以及发生在那里的时间流动和使用频率等。我们发现，在学生们列举的这些涉谷的公共空间中，人们从维护管理的责任中解脱出来了——当然管理方会直接或间接地收费。我们注意到这与涉谷是连接郊外住宅区的私营铁路的终点站有关。郊外住宅区中有家庭和学校，两者的维护责任都必须由人们自己来承担，而涉谷则成了逃脱这些责任的出口。

在 2006 年世界杯时，我们在六本木体验到了交叉路口有趣的使用方式。因为东京没有广场，日本队胜利后球迷就成群结队地在人行道上来回穿梭。当要过马路时，被红灯阻拦，这种强制性的停滞反而增强了步行的自由感。所以在等绿灯时大家都在喊口号，一旦信号灯变成绿灯，路两边的球迷就开始走向对面，途中不断击掌欢呼。交警的哨子声也像庆典活动时的伴奏一样烘托了气氛。这样的集体行动的道具仅仅是我们平时使用的斑马线和信号灯，虽然重复数次，却依然令人感觉新鲜。之前，"公共空间就是大型商业设施"这种观点让我心存疑虑，我不知道人们在给定的框架中是否将变得只会消费，但六本木交叉路口发生的事给了我们希望。这个例子中最重要的是，那里产生了没有围合的空间。

没有围合却制造出了领域与内部感，这是如何做到的？例如在公园里有 10 人一起跳舞，那里虽然没有围合，但行为的共有产生了领域和内部。人们不需要动作完全一致，只要在基本理解的基础上共有一些行为，就能形成没有固定边界的领域。但单靠人的行为是难以形成建筑的。建筑必须应对雨、风、重力等自然要素的行为，同时也要充当城市空间的构成要素。均衡地考虑那些不同维度的行为，并创造出一个整合的状态，正是建筑的职责所在。

行为有一个共同特点，就是包含时间的概念。行为会随着时间尺度的改变而发生变化。可以短时间观测的人的行为与可以长时间观测的是不同的。个人的生活可以用一天的时间来观察，学校和公司则需要一周，而社区的节庆活动可能需要一年，在不同的频率或周期下捕捉到的行为都不尽相同。自然和建筑也是这样的。要观察早上到中午这段时间里被阳光照射的房间的温度变化，3 小时就足够，但要观察台风就需要等上 1 年。固定的建筑看起来不会产生行为，但从 50 年、100 年的长周期来看，它们也会渐渐地被改建和更新，可以说这是长周期下建筑的行为。各种行为都有着各自固有的时间尺度。

行为的另一个共同点是，无法被任何人独占。我们将行为作为主题，出版了《犬吠工作室的建筑：行为学》[68]。犬吠工作室的建筑就是将人、环境、建筑三者的行为整合为一个实体，从而使那些行为的不同时间尺度得以共存，这也是我们的纲领。在无法被独占的行为中，个体的边界变得模糊，也显得不那么重要。虽然拥有个体的边界也是必要的，但这并不意味着一定要放弃融入群体的喜悦。个体应该不是不可动摇的。

篠原　所以你们以此为基础来开展公共空间的实践。

68　该书尚未有中文版，原版参见：*The Architectures of Atelier Bow-Wow: Behaviorology*, Rizzoli, 2010.

犬吠工作室、藤森照信、鹫田梅洛、南后由和、恩里克·沃克《犬吠工作室的建筑：行为学》

塚本　是的。设计应该考虑许多因素，从使用者或居住者的自身技能，到通过人的聚集产生的相互作用，但这既有难度，又费时费力。所以当今世界的趋势更多是通过务实的管理和符号化的操作，设计出只有表面意义的设施。而这些建筑一旦完成，人们内在的各种行为以及彼此间的有机关系都将被排挤出去。这就是那些建筑被批判成"盒子建筑"的原因。为什么会有这种事呢？或许是因为日本一直将建筑作为工学来教授，或者是公共建筑的建设主要靠每一年的财政预算来启动，等等。

篠原　这应该是最近出现的现象吧。我居住的大阪丰中市有一个建于4—5世纪的原田神社。神社里有一个大广场，牵狗散步的人会聚到这里，或者把这里当成散步的途经之地，孩子们也在这里玩耍，节庆活动时广场也能派上用处。我从神社或寺庙的这种空间中可以感受到公共性。在以前要创造这样的空间还有可能，但现在就变得很难了。

塚本　神社和寺庙都是可见的历史，而城市中新建的行政设施前的广场则几乎与历史没有关系。如果要深入调查的话，应该还有一些地方没有和历史切断联系。但新兴市镇的居民们更关心城市生活的便利性，而非土地的历史，所以也很难产生对场所的依恋之情。

战后的很多郊区开发都缺乏对历史的考量，只以短期观察的结果为依据，把足量供给和便利性放在首位，而忽略了其他的价值，所以之后很难再能有所提升了。而与之形成鲜明对比的是，欧洲那些历史悠久的市中心街区里还保留了许多古老的建筑，使它们得以幸存的价值是一直延续下来的。即使要造新的建筑物，也会参照老建筑的形态、样式、材料等方面。建筑是被物质化的历史，而对这种物质的现代化处理方式是组成社会规范的重要工具。只有这样，人们才会对自己所在的市镇、街道、建筑怀有独立的意识和自信，其整体性也能保持下去。反之，一个建筑的建设周期会被拖长，遇上更多麻烦，甚至中途遭到反对之声而不得不使建设计划夭折。

而日本的城市却将历史、谱系、建筑、社会之间的关联切断了。建筑是历史概念和社会规范的重要构成要素，而这样的关联就好像是拆除旧建筑、建造新建筑时的刹车。只要松开刹车，GDP就会显著增长。因此，二战后整个社会都在进行大规模兴建，这可能是作为饱受战火蹂躏的城市的一种独有的反作用力吧。可是这样一来，本应该通过建筑与城市自然地孕育出的那些感觉，包括超越个体尺度的感觉、置身于被物质化的历史中的感觉，以及基于事物之间相互关联的整体性的感觉，都因为大量的建设活动而逐渐消失了。

奥运会与残奥会——
为了了这30天的城市开发？

篠原　贝特森也批判了一味追求短期利益的、模式僵化的城市开发，他认为这必将走向失败。具备长远眼光与保持灵活性是互相关联的，但日本社会现在同时失去了这两者。从某个时期开始，我们变得目光短浅了，或许我们现在正在亦步亦趋地走向终点。

除了梅田站周边的"Grand Front 大阪"之外，还有许多其他的再开发项目正在进行，估计也会加剧这种短期的、缺乏灵活性的趋势。为了仅仅30天的奥运会和残奥会，及其带来的3兆日元的经济效益，在短期内就对城市进行重新改造，就是典型的例子。对于短时间内体现经济效益的城市改造的渴求，正在日本的城市中逐渐蔓延。

塚本　建设投资需要贷款，因此"短期"与"经济效益"紧密相连，所有的事情都被要求"尽可能快地完成"。如果从建筑与城市的关系来考量，像奥运会与残奥会这种不得不短期观测的重大事件，如何站在长远的视角来定位是很重要的问题。2012年伦敦奥运会与残奥会就建立了长期的退出战略，它们被融入城市整体规划，以助力伦敦码头区（Docklands）的产业结构升级及再开发项目——该地区饱受重工业兴衰的影响，且土地污染等环境问题缠身。而东京的问题是，未能建立那种中长期的愿景。神宫外苑究竟会变成什么样？那个地方的公共性太强了，仅考虑土地所有者的意愿而忽略与市民们的沟通是行不通的。为了短短的30天而耗尽一切也毫无意义。

与奥运会、残奥会带来的城市改造形成对比的，是"3·11东日本大震灾"时被海啸破坏的聚落神社的重建。我的研究室在宫城县牡鹿半岛的大谷川浜、谷川浜、鲛浦三个聚落参与了灾后重建工作。那些聚落中的住宅都被海啸冲走，只有山丘上的神社幸存了下来。神社的参道和鸟居都有受损，柱子也倾斜了，我们对此制定了修缮计划。大谷川浜有狮子舞这个节庆表演活动，但狮子的头被海啸冲走了。聚落的人们为了重现这项活动，与外部的支援力量一同制作了新的狮子头。2013年6月9日，时隔两年的节庆表演再次举行。人们在幸免于海啸的二渡神社里进行了献祭仪式，在神社院内进行了狮子舞表演（以

前狮子舞是要经过每家每户门口的，但现在家都被冲毁了）。当天有60多人前来参加，他们都是那些还住在临时住宅里的聚落住民。当时人们脸上洋溢着的喜悦表情，让我明白了正是这个系统维系着聚落渡过一个又一个海啸灾害的难关。即使海啸冲走了低处的住宅，神社还是会保留下来。人们聚集在那里，维系了聚落的纽带。之后只要渔业可以复兴，就能重建家园，重新在原地开始新生活。如此的往复，即使可能是脆弱的，却有着极高的灵活性与自律性。在这里可以具体地在物质上感受到行政赋予的"公共性"，以及远超人类寿命的时间跨度，还有大型开发项目所缺乏的、顽强地延续着的真实感。

篠原　这么想的话，我们现在生活的世界过于依赖物质性的概念，这本身就是需要重新思考的。我关注到莱斯大学的蒂姆·莫顿（Timothy Morton），他从人文学视角开展了独特的环境学研究，对包围人类的事物的物质性进行了讨论。读了他的著作《无自然生态：环境美学的再思考》[69]，我意识到人文社会科学中曾经流行的符号论与建筑学中个体的增长动向可能是类似的。如果用符号的方式来看待社会，首先会被

69　该书尚未有中文版，原版参见：*Ecology without Nature: Rethinking Environmental Aesthetics*, Harvard University Press, 2007.

抛弃的就是我们周围的世界的物质性。符号虽然能计量商品的价值，却让人感觉不到物质性。如果把住宅也看成一种商品，用符号的价值来衡量它的话，就无法获取身体与周围世界之间的交互感受与作用。现在，如何克服符号论或语言论层面上的社会论，如何思考这个作为包裹的世界，的确是一个重要的课题。

塚本 关于环境、社会关系、人类主观性的问题，菲利克斯·加塔利（Félix Guattari）在其以"生态哲学"为主题的文章[70]中也有所描述，其中的内容很有启发性。

方法与型式、技能与行为

塚本 在长期以来一直维持古老街道风貌的岐阜县飞騨古川，人们将破坏街道风貌的做法称为"惯例破坏"，并以此为戒。那里的人们知道自己居住的地方的建筑物与街道的形式，了解对待物的正确方式。这个案例完美地体现了建筑的共有性。

篠原 所谓的"惯例"，指的就是共有性吧，这

种智慧维持了一种理想状态——身体与周围世界的物质性的和谐共处。不同于民族主义那样宽泛的价值观，身体与物质的相互作用产生了具体的"惯例"，以这种具体性为依托的概念是强有力的。

思想史家藤田省三在《新品文化》[71]一文中写道，战后城市在高速发展的过程中，其面貌也发生了剧烈的变化，而过往的物与人之间的相互联系也被逐渐切断，与具有长期规划的物建立关系的同时，经营生活的方法也在逐渐消失。

藤田省三的危机感源于方法与型式的崩塌。方法与型式不仅是头脑中的概念，也是通过身体学习的技能，通过与他者的交流和共享行为得以持续。而城市的高速发展却让它们逐渐消失。他的理论中非常重要的一点是，这种方法与型式的崩塌与城市、街道环境的变化有着直接关系。在这里，他并不是笼统地认为日本传统的价值观不管用了，而是方法与型式的不稳定导致城市的风貌也随之发生了变化。这种情况一直持续到现在。在"短期"与"经济效益"结盟的过程中，行为、方法以及型式都开始逐渐崩塌，购物商场中的快速消费模式坚定不移地走向个人化。

70　可参考日文版「エコゾフィーに向かって」（杉村昌昭訳、『現代思想』、青土社、2013 年 1 月号）。

71　文章标题引自中文版（庄娜译，四川教育出版社，2015）。日文原版版名为「新品文化」（『精神史の考察』、平凡社ライブラリー、1982）。

塚本　特别是大城市,不断生产着只知道进行消费的人。

街道的变化是人类精神的变化

篠原　思想家、哲学家发现了问题所在,城市是随着人类精神的变化而变化的。随着新兴住宅用地的建造,城市环境的留白空间越来越少,从那时起公共空间开始衰退和消失,人们开始集体忘却共有性。但刚才也提到,共有性的忘却带来的个人化与欧洲近代兴起的个人主义是不同的,应将两者加以区别。个人化是一种不向他者开放的自闭化,欧洲的个人主义是向他者开放的,并有利于共有性的形成。可以说日本缺失了个人主义的那种体验,而直接向个人化演进了。

塚本　有必要思考到底是什么原因导致了这样的状况。如何理解个体与整体的关系可能是其中的关键所在。究竟是个体是整体的一部分,还是个体即整体、整体即个体的这种相互的关系?当代集合住宅的物质化图示,比较接近前者的模式。集合住宅的共有空间被定义成了面积、管理方式,以及可达性之间的关系。那里的居住者被设想为空洞的身体,而非潜藏着各种行为的存在。所以这种集合住宅最终成了无人问

津的场所。居住者或许能够发现可以共有的行为,但当他们被作为空间中的"透明人"来对待后,就会逐渐对其习以为常。

篠原　如果我们能让使用那些空间的技能传承下去,并从中获取一些体验,就能将共有性以物质化的方式变为空间的形式。

塚本　的确是这样的。但大多数的集合住宅在设计时都无法确定未来的居住者会是怎样的人,这是一个困境。

藤田省三《精神史的考察》

将行为作为对抗资本的手段

塚本　我想到一个无法将共有的可能性纳入到设计中的可惜的案例（笑）。在20世纪30年代的西班牙巴塞罗那的山区，来自安达卢西亚的移民来到这里，用安达卢西亚的方法建造了自己的市镇莱斯罗克特斯（Les Roquetes）。这个市镇开始是不合法的，后来终于获得了承认，进而通了电，完善了上下水等基础设施。现在还开通了地铁，并为腿脚不方便的老人设计了爬坡用的公共电梯。在地铁上方可以俯瞰巴塞罗那城区的地方还建了一个新的广场。但这个广场的设计者似乎并没有观察到住在这里的是一些怎样的人。安达卢西亚地区的男子都养鸟，有带着鸟笼散步、互相比较鸟儿的习惯。这种习惯在他们到了巴塞罗那后还保留着，并成了新广场上的主要活动。但那处广场只是为了眺望巴塞罗那而设计的，并没有考虑到那些带着鸟笼的人们。除了俯瞰城市的长凳外，没有地方可以放置鸟笼，所以人们都背朝着巴塞罗那城区站着，看上去是一种未经打磨和提炼的、笨拙的行为。对他们来说，养鸟、遛鸟的习惯才是共有性的所在，而这个广场原本应该被设计成最能够体现这一特点的场所。

类似的失败在其他地方同样存在，而公共空间设计必须要避免此类错误。公共空间不是为透明人设计的，不同的场所里有不同的人，他们对公共空间的需求也不尽相同。如果公共空间充盈着包含地域性与历史性的行为，人们在那里就会感到幸福，而且连拜访这里的外人也能够体会到。

虽然金钱和资本的地位在逐渐变得更高，但老龄化使得地方自治体的税收减少，需要用钱的地方资金不足，这种现状也造成了没有钱就什么也干不成的恶性循环。我觉得要把人们所潜藏的行为作为武器来与这种恶性循环抗争。

篠原　我也想到一个例子（笑）。汉娜·阿伦特在《人的境况》的结尾处也问道，人类生存的境况究竟是怎样的？她所说的"公共空间"（public space）应该用您刚提到的那种意思来解释。人类并非生活在真空中，而是生活在一定的环境中，这个环境是否支持共有性，很大程度上左右了我们的生活方式。现在正被热议的"安全网"[72]思维方式也是如此，其实并非只要搞

72　译者注："安全网"（〔英〕safety net；〔日〕セーフティーネット）是指当经济风险发生时，保护个人或公司免受最坏情况影响的制度。劳动力市场上的失业保险、灾害保险制度，金融市场上的存款保险公司和各种贷款制度，都是安全网的典型例子。（参见 https://kotobank.jp/word/ セーフティーネット-178911）

好经济就行，还必须要研究如何使生存环境更安全。

塚本 任何国家都在其最繁荣的历史时期建造了最坚固的建筑和城市，即便后来繁华褪去，这些卓越的城市也一直支撑着后世的人们。这是建筑的共有性中非常重要的一点。但在日本，从二战后复兴到高速成长期，再到20世纪80年代后期泡沫经济的繁荣，乃至21世纪头10年中期"伊邪那美景气"[73]的顶峰，日本城市中究竟有没有能形成共有性的核心内容呢？我的观点是，这些景气是与全球化主义及金融资本主义同时出现的，甚至是排除了共有性的一种城市空间生产。而现在严酷的生存环境正是那个时候造就的。江户时代后期的城市结构一直被沿用至今，从这个角度来看，江户时代的城市或许算得上是卓越的。

---

73 译者注：伊邪那美景气，指的是日本从 2002 年 2 月持续到 2007 年 10 月的景气循环期，此后受次贷危机引发的全球金融危机的影响，转为景气衰退。

关于整体性为何物的质疑，其实是在问，"一切都是相互关联的"究竟指的是什么

塚本 犬吠工作室的项目中，有一个"微型公共空间"（micro public space）系列的实践。首先是对城市进行调研，寻找城市中直观的有趣点、人们的独特行为，以及物理上对此的支撑。一般人可能无法直接接触到他人的行为，但可以接触到支撑那些行为的环境和道具。比如，在上海我们观察到人们骑着各种改造的自行车，在路边摆出桌子和椅子做菜、吃饭、打麻将、喝茶等。于是我们将支撑这些行为的道具——自行车和家具进行组合，构成了我们的作品"家具车"（Furni-Cycle, 2002）。我们想通过这样的作品鼓励他们的行为。在街上喝茶、做菜的行为，因为空间上没有围合，会显得无所依靠，但由于人们每天都在重复这些行为，就会使这里变成十分可靠而明确的环境。因为人们体内潜藏着历经不断重复后形成的技能，所以当我们把"家具车"放到上海街头时，人们立刻就知道要怎么使用。但它又和一般自行车的样子有些不同，所以激发了许多人的好奇心。我们就这样稍微改变了一下道具之间的关系，再加上人们行为的介入，完成了一个小小的公共空间实践。

犬吠工作室设计的"家具车"

通过在许多城市中进行观察和实验，我们在行为的介入中感受到了"空间的公共性"。其中我们首先想到的是中心性（centrality）。行为的共有能够产生空间性，指的就是人们亲自创造了中心性。这在节庆活动那样的非日常场合中可能更容易理解，但放在日常之中也应该是一样的。也就是说，行为是与中心性有关的。

另一点是，在同一个场所，同样的行为超越了主体间的差异而被复制，正说明了这个场所中具有能够生产这种行为的东西。这条生产线是许多条件的组合，由事物的相互关联所构成。而事物的相互关联中存在着整体性，所以行为也与整体性相关。

虽然中心性、整体性这样的词在评价行为的可能性时是必要的，但这两个词由于历史的缘故很难说是恰当的，很可能被认为是不高的评价。所以当务之急是要在语言层面上寻找更加合适的词。

篠原 这不正是我要做的事吗？刚刚[74]的《现代思想》同一期中刊登的三人对谈《为了在"破局"的"整体性"中思考》[75]中也有提到，当前

的一个课题就是如何来谈"整体性"的重要性。莫顿在《生态思考》[76]一书中，探讨了从生态性的角度来进行思考的意义。他认为生态性的思考其实不是思考与自然和谐共处，而是把自己的行为设想成是与我们生活世界中各种各样的事物关联在一起的。"整体性为何物？"是在质疑所有事物都相关联究竟是一种怎样的状态。这本书是 2010 年出版的，我认为这是莫顿对 2000 年发生的一系列事情的反思。他认为经济的增长使得从"整体性"角度对世界进行思考变得不可能。刚才也说到，在经济高速增长的过程中，不面向他者开放的自闭个体受到了重视，这在世界各地都有发生。在 20 世纪 80 年代的人文社会科学领域中，"差异"这个概念成为了关键词，它在表面上将刺激消费欲望这种行为正当化，并巩固了对个体的重视。对差异的重视有其解放的一面，但也可以看成将个体分离的契机。在消费资本主义的基础上，差异的概念受到了肯定，但其结果是造成了个人化的推进。我们现在必须重新反思这个问题。这并非完全反对"差异"，并极端地鼓吹集体的意义，而是

74　译者注：指上文提及的加塔利"生态哲学"主题文章，参见注释 70。

75　原文题为『「破局」の「全体性」の只中で思考しつづけるために：「現代思想」の交錯点と多元的展開』（近藤和敬＋篠原雅武＋村澤真保呂、『現代思想』、青土社、2013 年 1 月号）。

76　原文参见：*The Ecological Thought*, Harvard University Press, 2010.

希望大家能够思考，一种相互关联的整体性到底是怎样的。

塚本 城市生活的艰难也与这有关。最近我渐渐想到，城市里的人基本上都是无产者。他们把自己的时间花费在劳动上，用来换取薪水，再用钱去购买服务和物品，在这个系统中个人终于与社会这个大架构关联起来。这种关联，与其说是与周围的人的关联，不如说是将自己挂在一个不知道是谁在何时构筑的超前的大体系之下、依靠这个体系产生的关联。但有趣的是，如果去了渔村就会发现，人们生活在一个与之完全不同的模式之中。渔村中当然也有资本主义的价值观，但没有卖鱼的店，不仅是渔民，连公务员都从不买鱼，因为他们自己就能捕到。也就是说，这里的人在相互关联的整体性中有一个属于自己的位置。如果说这是一种对空间的依存，那么在城市生活的人依存的就是体系，这个体系一旦崩溃，就会爆发危机。

篠原 正是在相互关联中，人们才能作为个体生活下去。如果在自上而下的体系中过着安稳的生活而停止思考的话，就会忽视彼此间的相互关联，长此以往，感觉也会变得迟钝。那么这种非体系化的相互关联的整体性究竟是怎样的

呢？它应该是支撑我们生存的事物。除了贝特森，莫顿也提倡将生态看成围绕着人们生活的一切。詹姆斯·J.吉布森认为应该把人类看成环境内的存在，并以此为契机开始讨论包裹我们的城市环境的质感与共有性的问题。通过思考相互关联的意义，我们便可以得出把人从顽固的个人化中解放出来的条件。

塚本 置身于相互关联之中，就会开始感觉自己有维系这个关联的责任。但如果是在与空间相割裂的体系之中，就不会产生责任感。在这种相互关联中生活的话，人们会懂得维护场所、物、空间的重要性，这是我在渔村所感悟到的。而相互关联中的工作方式也并非分工型，而是协作型，一个人可以身兼数职。村里虽然只有50多人，却做着200多人的工作，这很有趣。他们在海、山、田里埋下自己活动的种子，这在城市里的人看来是一种有产者的富足。

篠原 我们对富裕的理解只停留在GDP指标这种形容经济性富裕的层面上，渔村的这种在相互关联中生活的状态也不得不说是一种富足。

塚本 是的。但如果要把这种模式拿到城市里实践的话，会变成什么样呢？恐怕会很难吧。

篠原　现代的社会科学是以个体为基础单位的，正如方法上的个人主义这个词所表达的那样。团体也被考虑成是个体的总和。与之相反，我不把整体看作个体的总和，并且想重新探寻应该如何思考这种整体。这就必须要重新思考现代社会科学的各种前提，这些可能会在以后再讨论。我的研究之一，刚才也说到了，就是将人类周围世界的物质性议题延续下去。如何在当代的背景下，对贝特森、莫顿、吉尔·德勒兹（Gilles Deleuze）、加塔利等人的思想进行重新认识和理解，也会是其中的课题之一。虽然这些还是一些零散的想法，不过将来应该会把它们汇总起来的。

塚本　那很令人期待啊。建筑设计也会同时得到发展，期待我们能够时不时地产生一些交集。

7

犬吠工作室的
公共空间设计

宫下公园

Miyashita Park

日本东京都涩谷区 Shibuya, Tokyo, Japan

公园改建 14 000m²

2011年

JR 山手线沿线的停车场屋顶上种植着榉树，
使这里就像商业区内的绿洲

从明治大街望去的景色。楼梯与凉廊的设置，
使得由街道进入公园变得容易

把凉廊下方空间当作训练场的街舞者们

在原有的五人制足球场旁设置的观众席

在凉廊下观看孩子们玩耍的妈妈们

由栅栏围护的、在原有公厕外侧设置的水槽

在婆娑的树影中滑行

避开现有树木设置的滑板池中，玩滑板者正在施展技巧

随公园扩建而新设的围栏基座可兼作长凳，同时也引导着
人们在公园内、外交界处的分布

建筑物墙面成为了攀岩壁

攀岩者的练习引来了观众

从树枝间隙投下的阳光形成了纵深的肌理

明治大街与公园临近处的边界处理

像放大的踏脚石一般的铺地

在沥青、胶粒、草坪等不同材质的铺地上产生了不同的行为

将原有的动物形混凝土游乐设施进行重新布置

绿篱围绕的原有公厕

宫下公园中的公共
与民营协作的尝试

20世纪后半叶在日本建设的公共空间，大抵属于"公有资本、公共目的"（公-公）模式。丹下健三所设计的广岛和平纪念公园（1955）便是其中成功的一例。垂直于和平大道的轴线贯穿广岛和平纪念资料馆中央以及慰灵碑，再越过河川直抵原爆穹顶（原广岛县产业奖励馆），甚至可以说是将这座遭受核爆的建筑变为了真正的纪念碑。每年8月6日，原子弹爆炸纪念日的纪念仪式都在这里举行。

另一方面，在"民间资本、民用目的"（民-民）模式下建造的公共空间中，槙文彦所设计的代官山集合住宅（1966—1998）也应该算是一个优秀的代表案例。沿着旧山手街道的场地，以建筑集群，即分栋的形式建造的出租公寓，其首层部分用作商铺，由此形成了商住混合的里巷，并创造出即便是外来行人也能信步而入的空间。在这一理念下，该建设项目已经持续实施了30余年，共9期。如今这一作品已被公认为代官山

都市空间形态的雏形，并以此为基础进行了周边商业设施的开发。

然而将一切委托于民营资本并不现实，以往建成的公共设施和公共空间也不得不继续维持下去。另一方面，由于劳动人口的减少和老龄化的加重，自治体的税收开始减少，使得公共设施的维护与管理变得困难。正因如此，为了公共空间的维护与管理，引入民营资本和观念的公私协作构架（最近被称为PPP，全称Public Private Partnership）的需求日益迫切。宫下公园被认为是这一方面的先驱项目。

如今宫下公园的所在地，曾是位于涩谷川和山手线堤坡之间的杂乱的住宅区，那里遍布着防火性能较差的木构建筑物。为了防患于未然，避免空袭时火势向铁路沿线蔓延，这里曾在战时进行过建筑疏散，由此产生的铁路旁的细长空地在战后被修整为宫下公园。1964年东京奥运会期间，这里被改为涩谷区政府运营的停车场

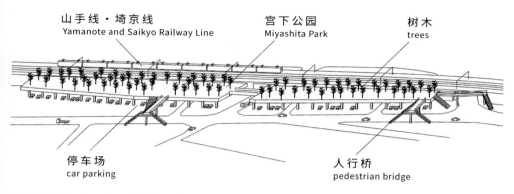

山手线·埼京线
Yamanote and Saikyo Railway Line

宫下公园
Miyashita Park

树木
trees

停车场
car parking

人行桥
pedestrian bridge

"公园上的公园"（Park on Park）　图片来源：贝岛桃代、黑田润三、塚本由晴《东京制造》

公园则移至屋顶。之后随着泡沫经济破灭，骤增的无家可归者经由代代木公园移住于此。公园内榉树疯长，从道路一侧难以一窥内部，由此使这里成了普通人不愿接近的地方。这个公园尽管是在铁路的开通、战争、奥运会等事件的作弄下诞生的，又因为背负了泡沫经济破灭的阴影而逐渐破败，却依然被公认为具有极高的城市空间潜能。

《东京制造》出版后第6年的2007年夏天，日本耐克公司突然联系了我们。他们和涩谷区签下了10年的宫下公园冠名权合同，希望我们借此机会提出公园的改造方案。因为这个项目的前景尚不明朗，我们就先以东京工业大学的研究室为中心提出了可能的方案。由于和市政府及企业之间的沟通会影响这个项目，于是我们就请耐克公司雇佣了曾在犬吠工作室工作的高木俊作为企业方的项目经理。为了将宫下公园打造为涩谷年轻人喜爱的、能够使人享受城市运动的场所，耐克公司和涩谷区政府不断朝着这个方向进行协商，我们则为其不断进行调研和空间提案。公园内现有的两块五人制足球场的利用率很高，即使是在以繁华闹市的形象闻名的涩谷，人们想要大汗淋漓地运动的需求应该也不会少。明治大街的沿街居民们则对区政府抱怨附近滑板的噪音。攀岩爱好者们也提出了对设施的需求。附近的儿童场馆关闭后，入口大厅的玻璃前聚集了练习舞蹈的女孩和男孩。于是，在对这些爱好者团体以及活动场地进行调研后，我们向其中加入了滑板池、攀岩墙、舞池等设施。

由于支撑人工地面的现有结构无法承担额外的荷载，新添加的设施不得不使用更少量且更轻质的覆土。为了容纳新的设施，公园的范围也需要扩大；还需要对徒长的树木进行修剪和采伐，以避免绿化率降低。另外，为了施工，不得不让公园内人工地面上的流浪者搬出去。经过区政

街舞者们将大楼的玻璃用作镜子来练习街舞

对攀岩爱好者团体进行采访

府工作人员坚持不懈的努力，这些流浪者最终同意搬至停车场与绿化带之间的空地上。

然而以此为开端，数个团体提出了对本项目的反对。其中一个团体声讨说，这个项目是由私营企业进行的公共空间的私有化。这其实是种误读。由于涩谷区和耐克公司之间就项目构架的协商花费了大量时间，项目内容迟迟没有对外公示，加上雷曼事件的冲击，各种时机的不凑巧使得事态变得十分复杂。立场相异的公共与私有部门之间的合作困境也在此显露无遗。如何在更早的阶段构建起内容公开的机制，可以说是今后公私合作项目的一大课题。

开工前夕，由于青年艺术家团体占用了公园的一部分，工程无法继续推进。对此，法院下达了从公园撤除私有物的命令。然而占领者们对此毫无反应，最终被强行撤除，公园内终于开始施工了，此时距离计划的开工时间已过去了6个月。

犬吠工作室的工作人员从施工图设计阶段开始参与，并承担了现场的设计监理工作。竣工前夕还发生了"3·11东日本大震灾"。2011年4月30日，宫下公园终于重新开放。[77]

这次改造的目标是创造出一个包容的空间，让人们可以按照各自的方式活动，同时又能共享这里的环境。因此不仅是使用者的人数，其种类也应是越多越好。首先，为了让身怀城市运动技能或是想要学习这些技能的人成为公园的核心，我们设置了供滑板、攀岩、五人制足球等活动使用的专用场地。其次，为了使来涩谷附近购物的人们也能进入公园，在现有入口的基础上我们还在公园的中央增加了与明治大街相接驳的大台阶和廊道，并设置了自动扶梯。另外，为了使远眺各类运动的观众或不运动的人们也能

77　译者注：2014年8月三井不动产赢得了新宫下公园整备事业的竞赛，由犬吠工作室及东工大塚本研设计的宫下公园已于2017年3月拆除改建，2020年7月作为公园及酒店、商业综合设施重新开放。此次改建由竹中工务店及日建设计负责设计。（来源：https://ja.wikipedia.org/wiki/ミヤシタパーク）

反对项目的游行

位于一层停车场和涉谷川步行街之间的一排油布棚屋

在这里长时间停留,我们设置了与外围护栏融为一体的长凳。为了使各种目的不同的人群能共享这个空间,公园被设计得明快敞亮,视野通畅。通过修剪过于繁茂的枝丫,在护栏旁或树木之间行走的人们,以及人工地面上的公园和明治大街或山手线之间都可以形成视线上的交流。如今在绿荫下玩滑板的人、以建筑物为墙面徒手攀岩的人、廊道下以黑色玻璃为镜子练习舞蹈的人、踢五人制足球的人,还有在长凳上观望的学生情侣、带着宝宝眺望电车的年轻妈妈、在背阴处歇脚的老人、吃便当的上班族等,这些随心所欲消磨时光的人们随处可见。

尽管在公园施工的4年间方案被迫数次变更,但对于自治体吸收民营企业的资金和创造力来建设公共空间这一崭新的模式,我们深有共鸣,并且始终坚定地认为,将其转变为现实是具有重大意义的。此外,释放人们在共有空间中的实践力这一微型公共空间理念,跳出了美术展的范畴,成为在现实城市空间中进行持续性实践的绝佳机会。然而,围绕这个公园的有关公共空间的讨论并未就此结束,或者说才刚刚开始。现在的首层停车场与涉谷川步行街之间是连绵的油布棚屋,应该扫除这样的光景,还是将其一并包容?究竟该用怎样的方式才是合适的?直到现在我们仍在继续思考这个问题。

北本站西口站前广场改造方案

Kitamoto Station West Square

日本埼玉县北本市 Kitamoto, Saitama, Japan

通过站前广场改造实现的站前空间活化 1 465.68m²

2008—2012 年

分流公交车、出租车和私家车 3 类车辆的三角形环岛
3 片大屋檐缔造了站前空间的整体感

覆盖道路的屋檐降低了进入环岛的车辆的速度

公交候车区的长凳成为附近老人的聚会场所

车站前 6 米高的屋檐为广场赋予了作为城市门面的适宜的尺度

环岛中央移植的麻栎、枹栎的根株

夜间市场的实践

在改造完成的广场进行的"北本节奏培育会议"

因三角形环岛而诞生的多功能广场上由数个市民团体协助开展的活动

作为北本市的独特门面的
站前设计项目中的行为生产

从新宿搭乘高崎线45分钟就能到达的北本市，过去曾是散布在荒川和赤堀川沿岸的农村聚落，人口为2万左右。50年前[78]建市时，这里建设了大量面向在东京工作的上班族家庭的大型廉住房居住区，并对车站周边进行了城市化改造，目前在住人口大约7万[79]。当时正值壮年的人们现在陆续迎来退休期，新一代人群又倾向于往市外流出，因此这里的老龄化问题十分严重。再加上住在廉住房以及新兴住宅区的人们大多无缘看到那些沿河的绿意盎然的农村风貌，虽然以便宜的价格购买了房产，却觉得本地是"没什么特色可言的乡下街区"。在同一个自治体内，以农业为生的居民、在东京工作的早期廉住房居民，以及近年迁入的独栋住宅居民，这些人比邻而居的场景可以说是日本城市与农村关系的缩影。

位于市镇中心的JR北本站是实质上的城市门户。此前的北本站如同水泵一般，向东京输送在那里工作、学习的本地居民。白天罕有人影，唯有早晚通勤时段车辆熙熙攘攘，到了雨天尤其拥挤。车站前的节奏完全是依照东京的公司和学校的时间表来运转的。然而在占通勤者近20%的"团块世代"[80]迎来退休期的当下，车站的角色也不得不随之改变。西口站前广场原本是1975年为应对汽车的普及化，以机动车为优先进行设计的，且设施不断老化，高差以及路面破损等步行的小障碍随处可见。此外，横穿环岛的步行道也被指责会造成站前交通的阻塞。2008年，市政府委托我们对站前广场进行重新设计，将它由交通性设施改为用于停留、交流的广场，塑造为市镇的门面，从而为市镇建设创造契机，并活化站前商圈。随着支撑税收的团

78　译者注：北本市于1971年建市。

79　译者注：该数据统计截止时间不晚于本书日文版的出版时间
　　（2014年5月）。

80　译者注：指在二战后日本第一次婴儿潮（约1947—1949年）
　　中出生的一代人。

旧北本站的西口站前广场是以机动车通行为优先来设计的

块世代开始退休，用来维持现有公共服务的财政资金变得难以保证，因此，市政府也希望通过提高这块区域的魅力来吸引企业投资和年轻一代定居，促进人口流入。为此，我们将站前广场的设计作为讨论城市建设的平台向市民开放，并尝试振兴地区组织，为城市建设注入动力。

我们首先着手组建的是一个供各阶层的人群共享信息的体制。为此，我们先要求市政府为该项目任命一位专属的项目经理，并要求成立一个执行委员会，其中包括作为活动大本营的大学研究室（筑波大学、东京工业大学）、市政府内的各个部门[政策推进部、终身学习部、城市规划部、道路部、产业振兴部（即之后的产业观光部）]，以及埼玉县城市规划部。这个体制的组成，保证了从设计阶段就能将管理运营的问题考虑进来，从而避免站前广场成为"盒子"。接下来，大学研究生为项目设计了宣传用的标识——将日语"颜"（意为"脸""面孔"）的罗马字表记

北本市人口分布图
图片来源：《作为北本市独特门面的站前设计项目书》
（作为北本市独特门面的站前设计执行委员会编著并发行，2011）

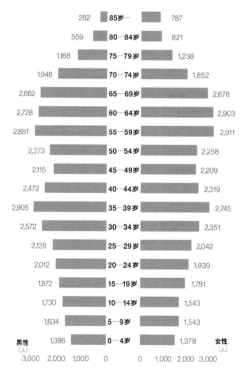

每 5 岁为一个年龄层的人口结构

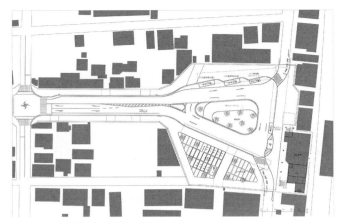

改造方案平面图（截至 2011 年 2 月）

"KAO"作为眼睛和鼻子，并使用北本特产番茄的颜色。要塑造城市的"脸面"，就必须要了解作为"身体"的本地资源。大学研究室里的学生和当地年轻人团队在各个领域（景观、商业、标识、照明、通用设计）的专家的指导下，到市里的各处与当地居民交换意见，并开展工作坊。他们既是未来的专家，也是市镇建设的黏结剂。在这个过程中，我们与市民产生了各种联系和互动，这个项目也以"颜"的名字广为人知。

执行委员会提出的站前广场基本设计方针是将公交枢纽组织成一个三角形，基地的剩余部分则用作广场。三角形的公交枢纽并不常见，但在这里，每个角分别对应 1 条道路，同时保证公交、出租车、私家车 3 种机动车可以分流，是一个合理的做法。另外，设计还连接了车站的 2 个出口，并取消了枢纽内的斑马线。为了获得公众的意见，设计方案被放在车站的公告栏公示，还刊登在市内报纸上，市镇调研的内容也被放在网站上公开。

在 2009 财年，执行委员会制定了"设计会议"和"使用会议"两个月例会。"设计会议"是在基本设计的基础上，一边与政府、警署、消防等做协调，一边进行设计调整。"使用会议"则是请来专家或市内活动团体担任讲师，进行"市镇建设讲座"，并开展关于站前广场使用方式的工作坊，从高中生到成年人，从政府职员到农民店主，任何人都能自由参加。针对会议中提出的设计质疑，则会通过实验的方式，在原来的站前广场上进行验证。

例如有些市民担心"三角形的交通枢纽是否会引起交通堵塞"，我们就在市区内的大停车场里用粉笔画了三角形的枢纽进行实验，让公交车和私家车在里面行驶。原日产汽车设计师莲见孝先生帮我们计算和调整了不会引起阻塞的车道宽度及曲率。出租车、私家车的停车数量则是根据对车站周围现有停车场的分析及现场问卷调查得出的。在设计人行步道时，我们直接坐在

公交车和私家车在进行行驶实验

轮椅上体验了无障碍设计，从而发现了一些平时容易忽略的问题。我们还与负责照明设计的角馆政英先生一起在现场进行了关灯实验，以确认进行照明设计时最优先考虑什么问题。为了促进观光旅游，我们以调研结果为基础，设计了从站前通往整个市内的散步路线。这张路线图上标有绿化、建筑密度以及赏樱的好去处，学生们设计它时还得到了平面设计师黑田益朗的指导。除了建造实验，我们还进行了使用环节的社会实验。在筑波大学渡和由教授的建议下，我们试着思考如何让市民自发地使用这个多功能的广场。例如，我们在当地商店店主、农户的帮助下试着开展了露天咖啡馆、集市（明道市场与菜市场）等活动，同时观察站前人们的反应，试图使这些活动为站前广场带来不同于东京通勤族的使用频率。这些社会实验和工作坊中用到的桌子和椅子也是由我们自己设计、在当地木材加工所制作，再自己粉刷完成的。

"使用会议"在工作日晚上6点半到8点半之间进行。开始是在文化中心的会议室，但我们渐渐觉得这样只有在场的人能参与到话题的讨论中，与我们市镇建设的理念不符。之后虽然转移到了文化中心的门厅里进行，但文化中心毕竟不在车站前，无法吸引往来的人群驻足参与，关于站前广场的讨论效果也不明显。于是我们向市政府提议，希望借站前的空置店铺作为市镇建设的活动场所。为了享受租金的折扣，我们答应如果有人要租的话马上就转让给别人，这让人联想起城市里那种四处移动的货车，于是这里被取名为"市镇建设货车"。在不改变内部装修的前提下，为了创造出便于使用的环境，除了上文提到的自己制作的桌子和椅子之外，我们还制作了带轮子的书架。有了这些，从2010年开始，"使用会议"和"建造会议"的场所就正式搬到了这里。傍晚时分开始的"使用会议"聚集了越来越多的人，会议活动范围也渐渐扩大到街道

（上）在原有广场的人行道上开设露天咖啡馆和工作坊等社会实验

（中）将原有广场的公交车道临时封闭，以举办市集的社会实验

（下）KM 长凳

（上）通用设计工作坊

（中）熄灯实验。下图是熄灯后的状态

（下）路径标识图

（上）在北本市文化中心入口大厅举办的工作坊
（中）北本市镇建设的第一轮宣传活动
（下）第二轮宣传活动

上。没有会议的时候，每周会有两三天由筑波大学委托的工作人员在这里免费供应茶水，使这里成为当地人驻足小憩的场所。

我们还将2009年之前的活动情况汇编成册（称作《颜之书》），在2011年春天发行。书中不仅有项目的概念、未来的预想图、市镇调研、散步路线图，还记载了受邀前来演讲的市民团体的活动和提案。在工作坊中讨论的多功能广场上一年四季的活动也被绘制成图画刊登在了书里。春天有赏花活动，由当地高中生进行茶会、书道表演；夏天有来自当地商店街的志愿者组织的夜市和啤酒节；秋天举行收获节庆活动；冬天则配合圣诞节举行点灯仪式。其中有些是当地市民原有的活动，有些是新的活动，两者相辅相成，勾勒出丰富多彩的多功能广场。

各式图绘是工作坊的成果之一。在2009—2012年间举行的各个工作坊中，诞生了许多讨论的方式。例如，由数名大学生将讨论的内容当场画成巨幅草图的"现场绘图"、在各种活动中扮演各个阶层人群的"角色扮演游戏"、将地图当作游戏盘在上面表现各组讨论结果的"游戏化"（gamification），以及用年表、日历等来设想活动准备过程的"时间可视化"（time-visualization）等。讨论后还会举行500日元茶话会，边品尝当地的美食边畅谈北本的未来。

这些会议也是人们相遇、发掘人才的场所。我们邀请了在北本遇到的各种市民团体［非营利组织法人北本杂木林会、北本市农业青年会议所、北本akindo塾、北本灯光表演执行委员会、北本高中、非营利组织法人Kitamin Labo舍（通过艺术进行市镇建设活动）、北本市镇建设观光

（上）多功能广场使用方法的说明图
（下）在"游戏化"中，人们将地图用作游戏底图，
　　　将可能发生的活动可视化

市民在使用杂木林

协会、鸿巢北本青年会议所、北本市商工会青年部]参与到项目中，一起讨论多功能广场的使用。大家提出的问题会被反映到社会实验的主题中。这些团体中有的已经成立20年以上，也有的是近年成立的秉持新价值观的新团体。我们也从中得知，商业、农业等与生计相关的活动很容易延续，而出于对社会的关心而形成的活动和团体则越来越难以为继。不同团体间的交流有利于激发市民活动的活力。

以北本杂木林会为例，他们的工作是在市区内寻找残留的杂木林，修剪树枝，除去杂草，让这些地方成为易于市民活动的场所，并把快乐传递给孩子们。原来的杂木林是砍柴、烧炭的薪炭林，落叶可以给田施肥，野菜、香菇可以采集食用，因此也与农户们的生计息息相关。这里每隔20～30年就会把树砍到只剩1米高，余下的树桩会继续生长，这就是这里独特的管理方式。但能源革命、化学肥料的普及，以及住宅的大规模开发，使农户们的生计与杂木林越来越割裂，杂木林也变得鲜有人问津。要恢复原有的循环并非易事，但可以将这些地方重新打理一下，使其成为市民散步、触摸自然的场所。我们体会到北本杂木林会的感受，就想将杂木林中的树用作站前广场的象征树，于是请他们帮忙移植。每20～30年砍伐一次的管理方法，也给车站前带来了一个舒缓的步调。

这里也不得不提到站前广场的具体设计。在长达2年的讨论中，我们对方案做出了各种修改，在这里无法一一赘述，但如微妙的车道变化、为了使从下车处到车站的通路不致淋雨而在枢纽三边架设的屋顶、3种机动车的三方向分流、枢纽中留出岛状用地的处理方式、多功能广场的存在形式，以及停车场的有无等尤其大费周折。屋顶的形状最初是顺着道路的自由曲线形，最后变成了与周围建筑对齐的矩形。屋顶的大小、宽度是综合考虑了阳光、雨水的进入角

（上）杂木林的维护图示。割断的枝条上会长出新芽
（下）屋顶施工期间，人们在多功能广场举办活动

度后确定的。三角形的两条斜边高4.5米，长度分别为50米和60米，底边与车站平行，高6米，长80米，它们给杂乱的北本站赋予了新的面貌。屋顶是钢结构的，需要覆盖沿车道的柱子和出挑至道路的屋檐之间的部分，因此产生了各种各样变形的束柱。这样的列柱空间让人想到没有完全相同的分权的杂木林。屋顶还使用了本地产的日本柏作为饰面。

广场的照明设计也在整体遵循道路建造规范的前提下，结合施工前、施工中的现场实验采用了暖色灯光，既保证安全性，又能烘托周围建筑与热闹的活动。

为了确保质量和合理性，土木工程通常会规定很多结构规范和构件标准，但在北本项目中，我们考虑的内容比一般站前广场设计更加复杂，在与土木工程专家的合作下，难题被逐一破解。2010年年末，这个既保留了道路通行功能，又拥有多种使用方法的站前广场设计方案终于敲定了。项目于2011年开始施工，2012年10月竣工。施工期间，虽然没有屋顶，多功能广场的社会实验仍在继续进行。

要将各种考虑因素结合起来并一一落实，就必须建立起一个市民、政府官员、专家等各种人群都能对话的平台。由行为及其类型所带来的建筑共有性，是整个平台的核心。在平台上不仅要有友好的对话，也应该有敌视的对话。因此在设计完成之后，为了进行公共空间的实践，仍有必要维持这个对话的平台与实践之间的有机关系。为此，随着项目的推进，讨论的组织形式也在不断变化。前文提到的"使用会议"在2011年被改成了"广场培育会议"，在2012年更是发展成了北本市的市镇建设平台——"北本节

春天的"街巷巡游"——"爱葱之旅"（北本市观光协会）

奏培育会议"，而"建造会议"的作用反而逐渐减小。项目结束之后，我们向市政府提出希望成立一些组织（如执行委员会、非营利组织或市镇建设公司等），以保留这个市镇建设体制。

我们的意见得到了采纳，从2013年起，在北本市镇建设观光协会的办公室里，新增加了"颜项目"的项目经理时田隆佑、前任市职员以及当地年轻人等新成员。

人们每月都举行名为"北本观光讨论夜"的例会，在当地观光协会组织的原有活动的基础上，讨论旅游发展规划，包括北本祭之类的大型活动和新活动的策划方案等。例如，将各种团体的地域活动按季节汇总，并组织旅游团参加。我们也作为嘉宾参加了讨论。

项目的成功实施也离不开市政府内部的交流。2012年度的项目报告书根据对市政府相关职员的采访总结了7个问题：①项目的宣传；②市政府内部的信息共享方式；③项目经理的可能性与局限性；④大学的可能性与局限性；⑤与市民团体的信息共享；⑥本项目的经验在今后的活用；⑦项目的可持续性。我们也从参加市镇建设活动的市民那里听到了他们的想法。

通过这样的市镇建设活动，日本自治体的复杂程度逐渐彰显。日本的自治制度并非始于战后，而是在明治、大正、昭和各个时期逐渐改革而形成的。在这一过程中，北本市里的许多聚落被合并，但并未发生像平成时期的"大合并"那样巨大的变化，因此，可以说当时的自治制度已进入了成熟期。但由于郊区化、城市化的影响，当地社区也变得多种多样，原先那种一视同仁的管理体制和组织架构开始不适应新出现的问题，也无法提供灵活的解决方案。那么是否可以打破这种条框，来创造积极接纳各种人群的思想和活动的社会呢？空间创造必须关注各种事物间的相互联系才会拥有力量，而不断进行具体的尝试是实现这个目标的唯一方法。

宝马古根海姆实验室，纽约
BMW Guggenheim Lab, New York

美国纽约 New York, USA

关于城市生活的移动实验室 268.9m²

2011年8月3日—10月11日

悬在空中的"飞天道具箱"

第二大道夜景

"飞天道具箱"里悬挂着各种装置和家具

QUESTION 5

Will you impose a $5 toll on cars entering downtown?

YES　NO

通过改变装置和家具来实现各种活动策划

移动实验室在 2 年内巡回了 3 个城市

录像里展示了场景变换的情形

将剧场的台塔置入街道中

使用比同等强度的铁更加轻巧的碳纤维材料制成的结构

围绕"与舒适性的交锋"（Comfronting Comfort）的主题，大家进行了热烈的讨论

路过的遛狗市民在此驻足

休斯敦街上的公园里设置了木制临时卫生间

在第二大道拐角开设的咖啡吧

宝马古根海姆实验室，柏林

BMW Guggenheim Lab, Berlin

德国柏林 Berlin, Germany

关于城市生活的移动实验室 183.6m²

2012 年 6 月 15 日—7 月 29 日

柏林的基地选在位于普伦茨劳贝格区的普费弗贝格综合体的内院

在宽敞的内院里，可以看到在纽约场地看不到的侧立面。高 4 米、长 30 米的"道具箱"悬置在距地面 4 米高处

在柏林的移动实验室周围开展了许多活动

为配合实验室而新设的人行步道在会期之后将留在内院

通过"创造"来思考城市的振兴

在轻松的氛围中举办的讲座

宝马古根海姆实验室，孟买
BMW Guggenheim Lab, Mumbai

印度孟买 Mumbai, India

关于城市生活的移动实验室 182.3m²

2012 年 12 月 9 日—2013 年 1 月 20 日

孟买的基地选在孟买城市博物馆

在装置上方 2 米处挂上的绳帘，既不用承受风的荷载，还能明确地划分空间

展览现场

制作总监与嘉宾的对谈
以"私密与空间"（Privacy and Space）为主题准备了 165 个活动方案

卫星实验室的活动现场

大约一半的活动是在 4 个居民区中的卫星实验室举行的

在移动的"宝马古根海姆实验室"中探索现代城市的种种问题

概要

宝马古根海姆实验室（以下简称实验室）是所罗门·古根海姆基金会和宝马集团共同发起的有关城市生活的移动实验室。在2011—2014年，实验室从纽约开始巡回，经由柏林，最终抵达孟买。这是一个谁都可以自由进入的广场实验室，既是城市的专家智囊团，也是居民的活动中心。它的目标在于对新想法的探求与实践，并最终创造出着眼于先进思想和当代城市生活中的各种问题的项目。实验室通过"与舒适性的交锋"（Comfronting Comfort）这一主题，试图探讨人们究竟应该如何与城市以及公共空间产生关联。实验室的日程针对各个城市，由国际化的跨学科实验室团队来制定。他们是从城市规划、建筑、美术、设计、科学、尖端技术、教育，以及可持续性等多领域聚集起来的青年才俊，由他们主导的各个活动、项目以及公开讨论等全部免费。实验室以2011年8月3日—10月11日的纽约之行为开端，经由2012年6月15日—7月29日的柏林之行，最终以2012年12月9日—2013年1月20日的孟买之行作为句号。原本计划一个实验室在2年内巡回3个城市，6年内完成9个城市之行，但由于种种原因，最终只巡回了前3个城市就结束了。

在各个城市的实验室诞生的专题、构思等，以"参与型城市：宝马古根海姆实验室所呈现的100个城市倾向"（Participatory City: 100 Urban Trends form the BMW Guggenheim Lab）为题，于2013年10月11日—2014年1月5日在纽约的古根海姆博物馆展出。

纽约

在距实验室开幕不足1年的2010年夏天，犬吠工作室被选定为设计者，对用于实验室活动的

选择类似于城市缝隙的空地作为基地。

临时建筑进行设计。对该建筑理想状态的要求包括无象征性、宽容地接纳人们的空间，可以解体与再建的结构，以及对环境产生较小的负荷，等等。为此，我们选定在各个城市无需空调设备的季节来开展活动。对于这个创造新型公共空间实践的绝佳机会，不仅仅是我们，宝马和古根海姆方面的负责人也相当兴奋。但是谁也想象不出它究竟会成为怎样的空间。

在最初的举办地纽约，场地的选址是位于下东区休斯敦大街的沿街公园与第二大道的相交处，一块仿佛城市间隙一般的空地。那里是拆除廉租房[81]后形成的空地，虽然处于纽约市公园管理局的管理之下，但是长期以来用栅栏圈围，并禁止外人进入。这里若能投入使用，将会对周边社区产生极大的益处。然而场地面宽7米，进深25米，只及原定面积的1/3。如果加入展览会、研讨会、讲座、电影放映、聚餐、茶座、事务办公等活动，再加上仓库，就不得不叠加楼层，这样一来还得配备电梯或坡道。对于临时建筑而言这些设施实在太过笨重。于是我们提出将实验室的活动视为一场长达10周的大型戏剧。

81　译者注：指19世纪工业革命时期外国移民以及来自地方的劳动者所住的一种出租公寓，一栋楼内包含了数户家庭。

我们仅把位于剧场舞台上部的台塔取出，将其置于街区中，使地面转变为舞台。屏幕、照明器材、阶梯状看台、家具收纳于被升降机吊在上部的构造体中，配合活动日程上升下降来改变排列方式，以进行场景的转换。同一个场地在不同时间的氛围截然不同，被完全不同的活动和行为所占据。观看转换场景的操作过程也成为了一个小小的加演节目。这种将时间与空间联动的构思被策展人命名为"飞天道具箱"（Flying Tool Box），日程的组织、工作人员的构成等困扰策展团队的问题也随之拥有了明确的解决方针。

以这个构思为基础，我们设想了一幅将浮于半空的异常轻盈的骨架嵌入建筑物间隙的场景。这个骨架由碳纤维材料制作，重量仅为同等强度的铁的1/6。这是我们首次尝试使用这种材料建造如此规模的建筑。考虑到防火与防破坏行为的需要，柱子内部使用铁制连接构件进行了加固，即便如此，6米长的横梁还是可以由两个人轻松抬起。这也成为吸引市民参与建设的重要条件，尽管在纽约这一想法由于安全性以及工会的原因并未实现。对于新材料的挑战大大提升了团队的集中力和团结力，从设计开始到最终开幕的短短1年时间里，团队获得了在短期内决战的动力。当光线从屋顶的PVC聚酯膜透过，以及当风从覆盖上部壁体的双层养护网中吹过时都会产生摩尔纹。地面上只有6根立柱和围帘，形成了既无地板又无墙壁的实验室。我们配合实验室的工期对休斯敦大街沿街公园进行了修整，并在活动期间设置了木材建造的临时洗手间和咖啡店，使得与实验室无关的人们也能使用这些设施。

开幕式在夏天的黄昏时分举行，在灯光师和DJ的合作下，这里摇身一变成了夜店。开幕式后既有对实验室产生兴趣并留下来参加活动的人也有沿街散步时发现了实验室，出于好奇心而进入，或突然加入讨论的人。还有遛狗途中溜达进来的人，让之前并未料想到会有小狗的工作人员一阵手忙脚乱。在华尔街静坐示威的团体骤然涌入的情况也曾发生。异常气象引起的台风袭击纽约时，策展人和现场工作人员一齐出动，冒雨卷起墙壁的养护网——真不愧是瞬息万变的纽约。

实验室进行的讨论对当地的普通市民完全开放。在"与舒适性的交锋"的主题下，来自经济学、建筑、城市规划、生物工程、脑科学等领域的专家担任辅导员，成功引导出了身处各种立场的市民的意见。例如，我们讨论过下面的问题：都市便捷舒适的生活离不开电力供应、垃圾处理等技术，发电厂、垃圾场等设施随之产生但是这些设施却无法设置在城市内部，只能建在郊区，对被迫接纳它们的地区也造成了困扰如果是你的话会怎么做？参加者通过这样的讨论，了解到自己的舒适生活是建立在牺牲他人或不平等待遇之上的。这种将整个社会的成本矛盾与个体的舒适相关联的讨论，也有助于推动技术的公共管理（由谁、怎样管理技术）。由此，将片断化的城市生活重新置于相互关联之中，通过获取对于整体性与公共性的全新认识来创造为城市未来考量的场所。

这或许可以说是城市凉廊（city logia）的当代科技版。所谓城市凉廊，主要是指在西欧的城

位于克罗伊茨贝格的基地照片

邦时代，举办市场、集会、结婚典礼等多种多样的城市活动的场所，建于城市广场或城门附近，覆有屋顶。这一建筑形式从古希腊一直延续至今。运用现代技术、对公共场所中人们的各种行为起辅助作用的场，或许与城市凉廊的谱系有所关联。这种场所的性格毫无疑问会随着参与者和举办城市的变化而变化，而为了使这样的变化浮现出来，应尽可能减少对建筑的约束。实验室宽容与弹性的空间对此再合适不过了。

柏林

实验室的下一个目的地是柏林。策展团队最初选定的是位于克罗伊茨贝格（Kreuzberg）的宽80米、长170米的工厂旧址，这里是和纽约截然不同的巨大场地。克罗伊茨贝格原本居住着大量工人，第二次世界大战后分隔东西的柏林墙被建立起来，西侧几乎被墙完全围住，导致房

地产投机没有及时跟进。因此这里保留着大量老旧的廉价住宅，受到年轻人、艺术家等人群的青睐，成为了柏林市内最具有反体制氛围的区域。这块场地虽然被禁止进入，但附近的人们却从围栏的破损处钻进去，自由地使用场地。像纽约一样，我们在这里也有必要举办"近邻说明会"来获取居民的理解。然而说明会自一开始就引发了纠纷。反对士绅化的势力宣称，若实验室在此设立，便会以武力将其破坏。他们担心宝马和古根海姆的名头会使租金上涨，使自己无法在此居住下去。警察提供的报告也提到在这块场地举办类似活动会伴有危险。

2012年3月，为了避免工作人员和参与者受到意外伤害，宝马和古根海姆方面宣布取消在克罗伊茨贝格的计划。不过在那里登场的反对势力和项目的取消被大量的新闻媒体所报道，无意中提高了实验室的知名度。

实验室在克罗伊茨贝格场地上的建成效果图

新基地选址于普伦茨劳贝格区（Prenzlauer Berg）的普费弗贝格综合体（Pfefferberg Complex）的内院。虽然实验室是以纽约的细长形基地为前提设计的，但由于其构成方式与地面之间是分离的关系，似乎可以适应任何场地。由于内院有足够的大小，因此能看到在纽约没能展现的长立面，以及活动在横向上的溢出。两者看起来像是完全不同的建筑。虽然比预定时间晚了3周，2012年6月15日实验室仍顺利地迎来了开幕。柏林的实验室团队举办的活动关注的是在激活城市变化的基础上"创造"的重要性。这些活动包括97场讨论、101场研究会、14场影片放映会、5场特别活动、27次市内探险等，通过向市民提供可实践的道具和想法，赋予他们改造城市环境的权利。

在克罗伊茨贝格所发生的对实验室的排斥事件，使当代人的生存境况——全球化和地域性的双重结构再次浮现。"由世界级大企业宝马集团和举世闻名的古根海姆博物馆为市民提供讨论自身所处城市问题的场地"这一实验室的架构恰好将这种双重属性纳入其中。而这种双重结构的平衡也正是城市所追求的。通过事前的调查，我们得知在当代中国的语境下这很难实现。这种结构在克罗伊茨贝格以敌对的形式被阐释，而普伦茨劳贝格区则拥有接纳它的宽容。判断这些情况应该也算是实验室在不同的城市举办的意义吧。设置实验室的目的不仅是提供活动，也在于测试实验室的构成模式在不同城市会被如何看待。

孟买

柏林活动结束后的2012年8月，项目开始准备同年12月在孟买的开幕，此时我们面临一个重大的问题：尽管先前的两个城市经过努力都出色地完成了任务，但由于整个项目属于初次实施、实际预算为了适应各城市相异的建筑标准与申请手续已经超支，所以我们不得不放弃将碳纤维增强材料（CFRP）结构搬到孟买的想法。然而策展人强烈希望维持项目的初始概念，即由悬浮于头顶的开放式道具箱为其下方开展的形形色色的活动提供支持。于是我们急忙赶往孟买，在当地寻找可能的材料和施工方式。在孟买，婚礼与祭祀时镇上随处可见一种被称为曼达巴（Mandap）的临时建筑，是一种用绳捆住的竹框架，上面铺有各色布面。这种建筑具有节庆活动的性质，与只有两个月停留期的实验室十分契合。我们对作为基地的孟买城市博物馆（Dr. Bhau Daji Lad Mumbai City Museum）

后院中的树木的布局进行了确认，同时以类似曼达巴的施工方法为前提，在现场设计了第一版方案。

当地的建筑师和项目经理迅速找到搭建竹结构的专业工人，试做了实物模型，但它的精度和技术都与我们的预想相去甚远。并且，我们在镇上所见的竹结构都倚靠于紧邻的大树或建筑物，如果往好的方面想，这样装置很容易立住，但在孟买城市博物馆的场地内，不允许倚靠树木或建筑物进行任何搭建，这一限制使得竹结构的建造难度陡然上升。负责结构设计的奥雅纳（Arup）孟买分公司提议，为了通过计算确认结构是否可以自立，可以在材料的连接处使用螺栓。然而使用螺栓会导致受力过于集中，使竹

位于那格浦尔的神奇草公司加工厂里，技师们正在制作视观模型

节开裂，所以需要花很多精力去研究。此外，我们还了解到，住在贫困地区的人们因为出行需要花销，甚至都不想去有美术馆的地区。由我们"出差"过去似乎更加容易。我们选择了4个居住区作为卫星实验室，让那种与美术馆后院的结构系统相同的实验室去"出差"。要想在一天之内不使用起重机而将实验室搭建起来，就必须减少现场的作业。为此我们考虑将两根柱子由桁架梁连接成一个构件，将其宽度设为卡车载物台所能容纳的2.25米，并将此结构在长向上重复设置，在侧面以宽4.5米、高1.5米的桁架梁构件连接。桁架的连接处采用了传统藤制家具的细部构造，然后插入木制连接件进行组装，并尽可能使用最少的螺栓，最后用绳子捆绑起来。在螺栓贯穿的节与节之间用树脂胶泥填充，以防止开裂。

搭建是由擅长竹建筑的神奇草公司（Wonder Grass）负责的。他们在距离孟买1天车程的小城市那格浦尔（Nagpur）有颇具规模的竹构加工厂，但让当地技师将建造完成度提高到我们可以接受的程度，却着实花了很多时间。所以在加工厂的加工及现场的搭建花了2周半，其间犬吠工作室的员工都没法离开现场。框架完成之后，在高2米处挂上了绳帘，使围合结构不致受风的横向力作用，且能对光和风做出灵敏的响应。当时在孟买是不用担心雨水的季节，但为了

非机械化的组装

减少烈日及鸟粪的影响，我们设置了帐篷材料做的屋顶。2012年12月6日，在改变方针4个月后，这个实验室终于得以开张，并收到了许多市民的祝福。

以"私密与空间"（Privacy and Space）为主题的免费活动持续了6周，其间有约165个活动在这里展开，包括设计活动、调查研究、旅行考察、讨论、工作坊、电影放映会等，其中半数以上的活动是在卫星实验室展开的。例如，召集当地的女性来共同探讨印度女性社会地位的问题，在对不满和问题各抒己见后，学习用舞蹈的方式来表达感情。还有用祭祀活动中使用的花来装点这个实验室的工作坊，以及市民参与讨论的、如何灵活利用现存巨大水道设施来设计公园的创意活动。这些活动都反映了孟买当地的境况和挑战。用当地材料，并依靠当地人自己来建造实验室，这一点也跟孟买的风土人情十分契合。最后，实验室获得的良好反响证明放弃使用CFRP结构的决定是正确的，这一原本为解决预算不足问题提出的对策，事实上却是让实验室的组织结构更好地融入孟买的必要改变。

研究藤与竹的连接方式

卡卡阿寇城市广场

Kaka'aco Agora

美国夏威夷州欧胡岛火奴鲁鲁市卡卡阿寇地区 Kaka'aco, Honolulu, Hawaii, USA

顶棚广场 120.6m²

2014 年 5 月竣工

木制双层凉廊作为将空仓库转变为广场的立体装置

移除库克街一侧的墙壁，创造出宽阔的入口

凉廊提供了多种高度的落脚空间

将凉廊作为观众席、将广场作为舞台来举办音乐节的场景

将广场作为观众席来举办电影放映会的场景

构建地区人才网络而
形成的社区协作广场

维修厂与仓库延绵的卡卡阿寇地区

从欧胡岛的火奴鲁鲁机场前往威基基海滩的途中，阿拉莫阿那购物中心稍稍往前的地方有一片名为卡卡阿寇的区域。这里遍布着汽车维修厂和仓库等，但是却没有可供游客参观的设施。这种冷冰冰的气质反而被当地的创意人群所喜爱，画廊、餐厅、咖啡厅、设计事务所等开始一点一点地聚集起来。这片区域在城市规划上被定义为新的开发区，由火奴鲁鲁社区开发司（Honolulu Community Development Authority, HCDA）这一州属机构配合建筑审批的申请，进行"公-私"合作式社区开发的推进与协调。具体而言，他们的使命就是引导开发商的发展方向，使当地的社区生活更丰富多彩。要在这个地区建设分契式公寓的开发商也对社区建设十分热心，策划了在每月第三个星期六举行的火奴鲁鲁夜间市场，希望在培育地区特色的同时，也向到访此地的人们展示自身形象。

"R&D"是用卡卡阿寇的老旧建筑改造成的集书店、咖啡厅、展廊为一体的空间，由艺术类非政府组织（NGO）"岛间终站"（Interisland Terminal）负责运营。他们策划了各种各样的艺术活动，希望在卡卡阿寇地区形成创意社区。一天，"岛间终站"向犬吠工作室提出了设计委托。在听取他们的设计意图时，我们看到了当今夏威夷社会存在的问题。1959年成为美国的第50个州后，夏威夷经历了空前的度假区开发。作为浮在太平洋当中的岛屿，夏威夷原本是食物自给的社会，然而旅游开发使这里（尤其是欧胡岛）变成了度假胜地，使人们与农业发生了分离。虽然美国本土资本开发了宾馆等设施，确保了当地的就业率，但是包括美军基地在内的当地产业，仍然对美国本土存在长期依赖。因为火奴鲁鲁的投资项目大多是以游客为目标，这种倾向也波及了艺术及音乐市场，使夏威夷风格沦落为一种表面化的消费品。于是，对迎合外界感到不满的人们开始探索夏威夷的身份认同感。

火奴鲁鲁夜间市场的墨西哥卷饼移动贩卖车

由书店、咖啡厅、展廊组成的 "R&D"

而 "岛间终站" 作为一个平台，目的正是将这些人聚到一起，进而孕育出更大的潮流。在这样的背景下，他们发现了犬吠工作室的活动，就邀请我们来卡卡阿寇。所以我们想，应该竭尽所能帮上点忙。

2013 年 2 月，我们初次拜访了夏威夷，参观候选场地，并和 HCAD、开发商（提供土地和资金）、项目赞助者（提供资金和住宿）以及项目策划者就项目的意义进行了对话。

在当地四处参观时，不时可以瞥见仓库内部的大空间进深，还发现这里缺少带遮阳的外部空间，这些都给我留下了很深的印象。虽然最初的委托是设计可供社区集会的类似凉篷的装置，但是预算却不足以使其抵挡夏威夷的烈日和风雨。就算犬吠工作室在这里建个什么有意思的临时构筑物，也不过是增加了一个稀奇的东西。相比之下，灵活利用这个地区未被使用的资源才是对当地有益的。于是我们提议将空余仓库当

作带屋檐的广场对外开放，并承诺对可举办研究会、展览会、电影放映会、讲座、演唱会、市集、戏剧表演等形形色色活动的空间进行设计构思。回到日本后，我们设计了将仓库的墙壁打通开放的方案，并在内部 1/3 的空间处建起两层高的木制阳台，使得在三维空间中安排人的活动成为可能。这个阳台被设计为既能用作舞台，也能用作观众席，还可以用作工作场所或商店的场所。我们希望这里能够成为一个像古希腊广场那样的、可以自由讨论当地事件的场所，于是根据这个意义将它命名为卡卡阿寇城市广场。

在夏威夷的第二次碰头会上，我们与当地建筑师、结构工程师、景观设计师、金属加工技师、二手建材销售商等专业人士进行了商讨，这一群人属于 "岛间终站" 组织网络中的 "弱连结"，对 "岛间终站" 的负责人来说也几乎全是生面孔。我们向他们说明设计内容，以获取技术方面的建议，同时向他们阐述了项目的意义，并寻

参与项目的人物关系图

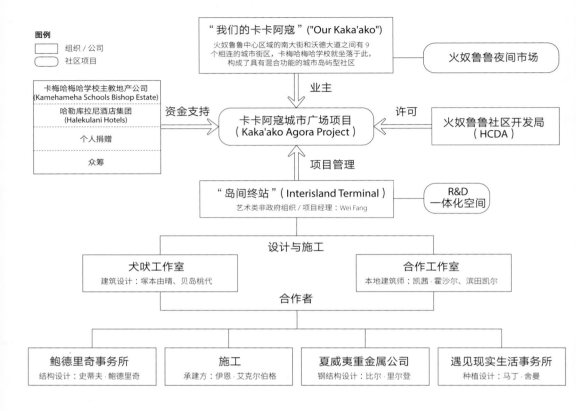

图例
- 组织 / 公司
- 社区项目

"我们的卡卡阿寇"（"Our Kaka'ako"）
火奴鲁鲁中心区域的南大街和沃德大道之间有 9 个相连的城市街区，卡梅哈梅哈学校就坐落于此，构成了具有混合功能的城市岛屿型社区

火奴鲁鲁夜间市场

卡梅哈梅哈学校主教地产公司
(Kamehameha Schools Bishop Estate)

哈勒库拉尼酒店集团
(Halekulani Hotels)

个人捐赠

众筹

资金支持

业主

卡卡阿寇城市广场项目
（Kaka'ako Agora Project）

许可

火奴鲁鲁社区开发局
（HCDA）

项目管理

"岛间终站"（Interisland Terminal）
艺术类非政府组织 / 项目经理：Wei Fang

R&D
一体化空间

设计与施工

犬吠工作室
建筑设计：塚本由晴、贝岛桃代

合作工作室
本地建筑师：凯茜·霍沙尔、滨田凯尔

合作者

鲍德里奇事务所
结构设计：史蒂夫·鲍德里奇

施工
承建方：伊恩·艾克尔伯格

夏威夷重金属公司
钢结构设计：比尔·里尔登

遇见现实生活事务所
种植设计：马丁·舍曼

求协助。当地建筑师和结构工程师挪出自己的一小部分工作时间，以公益的形式参与了这个项目。正因为这是一个小型项目，才使得拥有资金、土地、住房、材料、脑力劳动等多种多样"资本"的团队得以组建起来。相较于先有大量资本和开发目标，再将任务分派给各领域专业人士的通常做法，这个项目是首先建立一个使地区更加美好的愿景，然后为了使其形成项目而去组织各专业协作。这种做法促使我们重新思考了建造建筑的意义，即建筑设计必须充分调动建设团队中的协作者的积极性。卡卡阿寇城市广场尽管只是一个小型建筑，但因叠加了这种社会构建的意义而被评价为区域的新中心。工程于2014年5月竣工。

8

共有性的展望

在 1984 年洛杉矶夏季奥运会期间，还不知道路易斯·康的我去了拉·霍尔海边游泳，却没有拜访山崖之上的萨尔克生物研究所，而是在伸向海边的草地覆盖的广场上踢足球，与身着奥地利队队服的两名男子和当地的孩子们展开了对决。开始，那两名男子混入了正在踢球的孩子们当中，看着看着不知什么时候我自己也融入了这个群体。只要有草坪和足球，就可以超越年龄与国籍，跟全世界的足球爱好者一起切磋。只需稍稍有点足球技能，不认识的人们之间就可以共有时间与空间。我情不自禁地感叹："足球真的是太了不起了！"

1990 年夏天，正值日本泡沫经济鼎盛期，我们本想横穿涩谷去原宿，却误入了代代木公园入口附近的一片市集一样的地方。在那里进行买卖的是来自伊朗的人们，有在长凳上开张的理发店，有用玻璃柜台出售伊斯兰式精肉的肉铺，还有在席子上将商品一字铺开的电器摊，等等。炭火炉升腾起的烟气散发着诱人的香味，旁边乡村摇滚打扮的小哥正津津有味地嚼着土耳其烤肉串。这里出现的场景让人不禁想把它叫作"小德黑兰"。这些人在日本虽然大多是从事建筑工地清扫和搬运物资等非专业的建设工作，但在伊朗时应该是从事着各种不同专业的工作吧。周末建筑工地休息时，他们便聚集在代代木公园，发挥各自所拥有的技能，毫无疑问这样会更令他们开心。所以那里建起矮棚后就形成了地下市场，市场如果固定下来的话，其势头简直能一举形成街区。我当时想道："街区的设计图就存在于这些人当中啊！"

在此之后，尽管我进行了 20 多年的建筑设计和城市研究工作，却感觉这两次体验好像一直延续着。很久之后的 2007 年春天，我在金泽的街道上闲逛，调研 20 世纪后半叶町家所经历的变迁，那两次体验伴随着崭新的理解在我的内心深处又强烈地复苏了。我在那里所看到的，是拥有各种技能的人们的行为，这些人聚集在场所中形成了一个没有围合的内部。我还看到了由人们反反复复建造而成的建筑群，虽然其中有些并不美观，但也具有从内部自我支撑的强大力量，所以不会令人感觉空虚——与之相比，那些在泡沫经济时期建造的拥有华丽外观的建筑便显得徒有其表。如果可以的话，我们应当成为那些人中的一员。他们的行为蕴含着一种中心性，那正是场所创造的根源。

以建筑设计为职业的人必须天南海北地到处旅行，而建筑却存在于一个固定场所，是在长久的时间尺度中诞生的，两者似乎是矛盾的。这种矛盾也存在于市镇建设之中。市镇建设中的建筑设计工作是十分充实的，因为可以与居住在那里的人们一起探讨和确立建筑设计的依据。有时候会觉得要是能住在某个地方该有多好，这样只要一提起那个地方就有说不完的话。建筑师与村民的关系就像黑泽明的电影《七武士》[82]中的武士与村民一样，从外部请来的建筑师并不是共同体的成员，就算再怎么发挥领导力，努力凝聚大家，不搬到村里当村长也是行不通的。而一旦这样做了，他们的工作就成了共同体内部的工作，无法拿到报酬，可能还会像那些武士一样，因与村民走得太近而受伤。

如何解决这类矛盾？需要后退一步来看吗？就在面临这种烦恼时，我们看到了共有性。建筑，包括与建筑类似的东西，既不是用来给建筑师表现自我意志（ego）的，也不是为精英分子所掌握的、用来批判和对抗社会的工具，它们应该还有别的出路，那就是作为驶向波涛汹涌的大海的小船。顿悟了的建筑师们乘上了这些小船，普通大众却没有，而是作为客人乘上了市场准备好的大船。但这样他们就无法知道自己该怎么做，无法成为伟大的人。建筑应该是人们在日常生活中可以真正亲近与依赖的东西，即使政治体制发生改变也毫不动摇。尤其在面对当今世界的现状时，这种诉求会变得更加强烈。如果继续以船做比喻，那建筑就应该是一艘人们一同创造的大船。因此，建筑不应该成为某个特定人物的所有物，这会有碍于共有之路。但人们也不能彼此靠得太近，需要拉开一定的距离。重新发现那些超越了主体间差异、反复出现的建筑类型与人的行为，将其作为实现上述美妙平衡的媒介或资源，就是共有性要探讨的议题。

在这个议题中，从类型和行为角度出发的"拥有技能的身体"与见于20世纪建筑讨论中的"空洞的身体"之间的对比也越发鲜明。为了应对住房不足问题而被大量供应的集合住宅中，那些"可被计量的人们"的身体显然是空洞的。住宅产业化所生产出的不仅是安心安全的家，还有"不知道家为何物的人"。保护环境、强化国土运动所生产出的是"无

82　原名为『七人の侍』，1954年于日本上映。

法自我保护的人"。公园与广场的设计如果还只是以平等性为理由而将使用者都设想为
"毫无技能的人",那只会再生产出更多"空洞的身体"。"空间的生产"实际上是在进行
"人的生产",现代社会的漠视和不安也与之有关。这种生产的脉络,用布鲁诺·拉图尔
(Bruno Latour)的话来说,是科学、工学、经济、政治等交织而成的怪兽,难以理解和批
判。要弄明白这个问题,就需要借助当代社会范畴中的科技人类学或文化人类学等的帮
助。与共有性议题相关联的建筑实践,既反映了对这个问题的关切,也促进了"建筑是
一艘大船"这一假说的成立。

塚本由晴

作者简介

犬吠工作室

1992 年由塚本由晴和贝岛桃代创立。http://www.bow-wow.jp/index.html

主要作品

Ani 住宅（《アニ·ハウス》、1998）、Gae 住宅（《ガエ·ハウス》、2003）、犬吠工作室兼住宅（《ハウス & アトリエ·ワン》、2005）、町家客栈（《まちやゲストハウス》、2008）、分裂的町家（《スプリットまちや》、2010）、宫下公园（《みやしたこうえん》、2011）、卢雷比尔社会住宅（Logements Sociaux Rue Rebiere，2012）、恋爱猪研究所（《恋する豚研究所》、2012）、宝马古根海姆实验室（BMW Guggenheim Lab，2011—2013）、北本站西口站前广场改造（《北本西口駅前広場》、2012）

主要出版物

《宠物建筑手册》
『ペット·アーキテクチャー·ガイドブック』（ワールドフォトプレス、2001）

《东京制造：Made in Tokyo》（林建华译，田园城市出版社，2007）
『メイド·イン·トーキョー』（貝島桃代 + 黒田潤三 + 塚本由晴、鹿島出版会、2001）

《现代住宅研究》
『現代住宅研究』（塚本由晴 + 西沢大良、LIXIL 出版、2004）

《后泡沫城市的汪工房》（林建华译，田园城市出版社，2007）
『アトリエ·ワン·フロム·ポスト·バブル·シティ』（LIXIL 出版、2006）

《空间的回响　回响的空间——日常生活中的建筑思考》（胡滨、金燕琳、吕瑞杰译，中国建筑工业出版社，2015）
『空間の響き / 響きの空間』（LIXIL 出版、2009）

《建筑学视角下城市、家与建筑物的情景》
『建築からみた まち いえ たてもの のシナリオ』（貝島桃代、LIXIL 出版、2010）

《犬吠工作室的建筑：行为学》
The Architectures of Atelier Bow-Wow: Behaviorology, Atelier Bow-Wow, Terunobu Fujimori, Washida Menruro, Yoshikazu Nango, Enrique Walker (Rizzoli, 2010)

《日本建筑师》（*Japan Architect*）第 85 期 "犬吠工作室的住宅谱系：全部 42 个住宅设计"
『JA85 House Genealogy Atelier Bow-Wow: All 42 Houses』（新建築社、2012）

《京都泥墙指南》
『京都土壁案内』（塚本由晴 + 森田一弥、学芸出版、2012）

《建筑与语言——设计日常的眼光》
『建築と言葉—日常を設計するまなざし』（塚本由晴 + 小池昌代、河出書房新社、2012）

《犬吠工作室：入门读本》
Atelier Bow-Wow: A Primer, Lena Amuat, Laurent Stalder, Cornelia Escher, Megumi Komura
(Walther Konig Verlag, 2013)

《图解 2：犬吠工作室》
『図解 2 アトリエ・ワン』（TOTO 出版、2014）

《世界之窗 2：窗与街道的谱系学》
『WindowScape 2 窓と街並の系譜学』（東京工業大学塚本由晴研究室編、フィルムアート社、2014）

主要展览
"活泼空间的实践"（日本东京 TOTO 画廊・间，2007）
「いきいきとした空間の実践」（TOTO ギャラリー・間、2007）

"林茨、超级、分支"（奥地利林茨 OK 当代艺术中心，2009）
「リンツ・スーパー・ブランチ」（OK 現代美術センター、リンツ、2009）

"Machiwase"（日本东京国立近代美术馆，"建筑在哪里？7 个装置"展，2010）
「まちあわせ」（「建築はどこにあるの？─ 7 つのインスタレーション」展、東京国立近代美術館、2010）

"东京新陈代谢"（意大利威尼斯"第 12 届威尼斯双年展国际建筑展"，2010）
「Tokyo Metabolizing」（第 12 回ヴェネチア・ビエンナーレ国際建築展企画展、2010）

"犬吠工作室展"（瑞士苏黎世联邦理工学院，2012）
「Atelier Bow-Wow」（ETH、2012）

"Learning from Utzon"（丹麦奥尔堡伍重中心，2012）
「Lerning from Utzon」（ウッツォン・センター、2012）

"东京犬吠工作室的公共空间：空间实践中的状态"（德国柏林埃德斯画廊，2012）
「Public Space by Atelier Bow-Wow Tokyo, In the State of Spatial Practice」（Aedes Gallery、2012）

"微型公共空间"（日本广岛市立现代美术馆，2014）
「マイクロ・パブリック・スペース」（広島市立現代美術館、2014）

塚本由晴 Yoshiharu Tsukamoto
1965 出生于日本神奈川县
1987 获东京工业大学建筑学学士学位
1987 巴黎拉维莱特建筑设计学院短期留学（U.P.8）（—1988）
1992 与贝岛桃代一同创立犬吠工作室
1994 获东京工业大学工学博士学位
2000— 东京工业大学副教授
2003, 2007 哈佛大学设计研究生院客座教师
2007, 2008 加州大学洛杉矶分校客座副教授
2011 丹麦皇家建筑艺术学院客座教授（—2012）
2011 巴塞罗那建筑学院客座教授
2012 康奈尔大学访问评论员
2015 代尔夫特理工大学访问教授
2017 哥伦比亚大学访问教授

贝岛桃代 Momoyo Kaijima
1969 出生于日本东京
1991 毕业于日本女子大学住居专业
1992 与塚本由晴一同创立犬吠工作室
1994 获东京工业大学硕士学位
1996 苏黎世联邦理工学院奖学金留学（—1997）
2000 获东京工业大学工学博士学位
2000— 筑波大学讲师
2003, 2016 哈佛大学设计研究生院客座教授
2005 苏黎世联邦理工学院客座教授（—2007）
2009— 筑波大学副教授
2011 丹麦皇家建筑艺术学院客座教授（—2012）
2015 代尔夫特理工大学访问教授
2017 哥伦比亚大学访问教授
2017— 苏黎世联邦理工学院建筑行为学教授

田中功起 Koki Tanaka
出生于 1975 年。艺术家。以摄影、影像、表演等方式创作。
2009—2012 年通过日本文化厅新进艺术家海外留学制度前往洛杉矶进行创作。

主要展览：
"Le Cabane"，日本东京宫，2006
"2006 台北双年展，Dirty Yoga"（「2006 台北ビエンナーレ、ダーティ·ヨガ」），中国台北市立美术馆，2006
"第七届光州双年展年度报告：一年中的展览"（「The 7th Gwangju Biennale, Annual Report: A Year in Exhibitions」），韩国光州，2008
"在雪球与石头之间的地方"（「雪玉と石のあいだにある場所で」），日本东京青山区 / 目黑区，2011
"同时由 5 名演奏者演奏钢琴（第一次尝试）" [A Piano Played by Five Pianists at Once (First Attempt)]，美国加利福尼亚大学尔湾分校房间画廊（Room Gallery），2012
"抽象的述说——不确定事物的共有与集体行为"（「抽象的に話すこと―不確かなものの共有とコレクティブ·アクト」），意大利第 55 届威尼斯双年展国际美术展日本馆，2013

中谷礼仁 Norihito Nakatani
1965 年出生于东京。历史工学家，早稻田大学教授。

主要著作：
《国学、明治、建筑家》
『国学·明治·建筑家』、波乗社、1993
《矶崎新的革命游戏》（合著）
『磯崎新の革命遊戯』、TOTO 出版、1996
《日本建筑样式史》（合著）
『日本建築様式史』、美術出版社、2000
《近世建筑论集》
『近世建築論集』、アセテート、2004
《复数性+——事物连锁与城市、建筑、人类》
『セヴェラルネス+―事物連鎖と都市·建築·人間』、鹿島出版会、2011
《重访今和次郎〈日本的民居〉》（合著）
『今和次郎「日本の民家」再訪』、平凡社、2012
《矶崎新建筑论文集第 5 卷 "わ" 的所在——交错于列岛的他者的视线》（编著）
『磯崎新建築論集第 5 巻「わ」の所在―列島に交錯する他者の視線』、岩波書店、2013

主要设计作品：
"63"（《63》、2001）、"甲罗宾馆"（《甲羅ホテル》、2006）、"三层之家"（《三層の家》、2013）

篠原雅武 Masatake Shinohara
出生于 1975 年。社会哲学与思想史专业，大阪大学特聘副教授、京都大学人类环境学博士。

主要著作：
《公共空间的政治理论》
『公共空間の政治理論』、人文書院、2007
《为了空间——在遍布的贫民窟世界中》
『空間のために―遍在化するスラム的世界のなかで』、以文社、2011
《统一生活论——转型期的公共空间》
『全 - 生活論―転形期の公共空間』、以文社、2012

主要译著：
尚塔尔·墨菲《关于政治——激进民主》（合译）
『政治的なものについて―ラディカル·デモクラシー』、明石書店、2008
迈克·戴维斯《布满贫民窟的星球》（合译）
『スラムの惑星―都市貧困のグローバル化』、明石書店、2010
约翰·霍洛韦《革命——向资本主义注入裂纹》（合译）
『革命―資本主義に亀裂をいれる』、河出書房新社、2011
罗宾．D．G．凯利《自由之梦——美国黑人文化运动的历史想象力》（合译）
『フリーダム·ドリームス―アメリカ黒人文化運動の歴史的想像力』、人文書院、2011

佐佐木启 Kei Sasaki
出生于 1984 年。建筑家，东京工业大学辅导员。2009 年获东京工业大学硕士学位。2010 年于苏黎世联邦理工学院留学。2012 年东京工业大学博士课程学分修满，退学。

能作文德 Fuminori Nosaku
出生于 1982 年。建筑家，东京工业大学建筑学专业助教。2008 年入职 Njiric+Arhitekti。2012 年获东京工业大学工学博士学位。2010 年获东京建筑师学会住宅建筑奖。2013 年获 SD Review 2013 鹿岛奖。

主要作品：
"钢宅"（Steel House，2012）、"有大厅的住宅"（《ホールのある住宅》、2009）

东京工业大学研究生院理工学研究科
建筑学专业塚本由晴研究室

Kim Hyunsoo	村越文
户井田哲郎	Cherifa Assal
松浦光宏	Edward Nyman
信川侑辉	Estefanía Batista Flores
冈野爱结美	Filip Mesko
佐道千沙都	Huang Linghui
铃木志乃舞	Joseph Lippe
铃木隆平	Leon Faust
林咲良	Shi Zhijiao
丰岛早织	Jakob Sellaoui Johann
中村衣里	Rasmus Thomas Larsen

翻译
第 1～4 章　解文静
第 5 章　解文静、许天心
第 6 章　解文静、史之骄
第 7、8 章　史之骄

校译
郭屹民

主要译校者简介
郭屹民
出生于 1974 年。工学博士，建筑师。东南大学建筑学院副教授，
结构建筑学研究中心主任。

解文静
出生于 1989 年。工学硕士，建筑师。东京工业大学塚本由晴研究
室毕业。Atelier and I 坂本一成研究室建筑师。

许天心
出生于 1992 年。工学硕士，建筑师。东京工业大学塚本由晴研究
室毕业。九樟设计工作室联合创始人兼主创建筑师。译著《世界
之窗：窗边行为学调查》（合译）。

史之骄
出生于 1989 年。工学硕士。东京工业大学塚本由晴研究室毕业。

图书在版编目（CIP）数据

共有性：行为的生产 / 犬吠工作室著；解文静，
许天心，史之骄译 . -- 上海：同济大学出版社，2021.11
ISBN 978-7-5608-6268-2

Ⅰ . ① 共… Ⅱ . ① 犬… ② 解… ③ 许… ④ 史… Ⅲ .
① 城市建设 – 研究 Ⅳ . ① TU984

中国版本图书馆 CIP 数据核字 (2021) 第 150325 号

共有性
行为的生产

犬吠工作室 著

解文静 许天心 史之骄 译

出版人：华春荣
责任编辑：晁艳
助理编辑：王胤瑜
平面设计：付超
责任校对：徐逢乔

版 次：2021 年 11 月第 1 版
印 次：2021 年 11 月第 1 次印刷
印 刷：上海安枫印务有限公司
开 本：889mm×1194mm 1/24
印 张：$11\frac{2}{3}$
字 数：364 000
书 号：ISBN 978-7-5608-6268-2
定 价：128.00 元
出版发行：同济大学出版社
地 址：上海市四平路 1239 号
邮政编码：200092
网 址：http://www.tongjipress.com.cn